# El equilibrio en la Productividad y Calidad: Un enfoque sustentable

Dionisio Álvarez Vilchis
Carlos Alberto Balbuena Campuzano

AAMX
Asociación de Autores Mexicanos

**Desarrollo editorial: CreateSpace INC.**
**Dirección Editorial: María del Carmen Vilchis**
**Edición: Asociación de Autores Mexicanos**
**Coordinación de diseño: Ricardo Gática**
**Corrección: María del Carmen Vilchis**
**El equilibrio en la Productividad y Calidad: Un enfoque sustentable**

**ISBN: 978-1523730209**

AAMX editorial®, Asociación de Autores Mexicanos® y el logotipo son marcas registradas.
**Impreso en México**
**Printed in Mexico**
**2ª edición: 2016**

# Índice

# Módulo 1. Introducción a la gestión sustentable de la calidad

## Capítulo 1. Introducción

1.1 Algunas definiciones de calidad

1.2 Los clientes, medio ambiente y sociedad y sus requisitos

1.3 La gestión sustentable y el control de la calidad

1.4 La planificación y los objetivos de calidad

1.5 El aseguramiento de la calidad y las auditorías

1.6 La gestión sustentable de la calidad total

1.7 Las tendencias actuales de la gestión sustentable de la calidad

1.8 La certificación y la homologación

## Capítulo 2. Gestión sustentable de la calidad

2.1 Los sistema sostenibles de gestión sustentable

2.2 El concepto de proceso

2.3 La gestión sustentable basada en los procesos

2.4 La planificación de la calidad

2.5 El proceso de diseño y desarrollo del producto

2.6 El control de las operaciones

2.7 La logística

## Capítulo 3. Los modelos de gestión sustentable de la calidad

3.1 Las normas ISO 9000

Dionisio Álvarez Vilchis;

Carlos Alberto Balbuena Campuzano

# 1. INTRODUCCIÓN

Estas notas tienen una orientación industrial, aunque muchas de las cosas que aquí se dicen valgan para empresas de servicios e incluso para la Administración. La terminología empleada es la que propone el organismo internacional de normalización ISO (v. ISO 9000). En general, las definiciones incluidas en el texto son las usadas por ISO, aunque hemos sustituido alguna de ellas por otra más coloquial. En el glosario se pueden hallar las definiciones normalizadas, reproducidas textualmente.

El objetivo de este capítulo es familiarizar al lector con los conceptos básicos de la gestión sustentable de la calidad como el control de la calidad, el sistema sostenible de calidad, etc. En primer lugar, intentaremos aclarar qué se entiende por calidad, por cliente y por requisitos del cliente, en el contexto de la gestión sustentable de la calidad, donde estos términos deben ser usados con mucha precisión. En la presentación de estos conceptos seguimos la línea de Etkins y Kyle (2006), aunque hemos actualizado las definiciones de acuerdo con la nueva versión sustentable de la norma ISO. También comentamos en este capítulo algunas tendencias recientes de la gestión sustentable de la calidad, así como los modelos más utilizados actualmente.

## 1.1 Algunas definiciones de calidad

Actualmente, no solo la calidad es un asunto importante para cualquier empresa, también el impacto ambiental y el aseguramiento de los recursos para que aspire a ser competitiva. No obstante, calidad sustentable se trata de un concepto difícil de definir de modo universal, puesto que puede tener significado distinto para diferentes personas. Dicho de otra forma, la calidad sustentable es algo cualitativo y subjetivo. Por ejemplo, para alguien, un coche de calidad sustentable podría ser algo así como un Ferrari, mientras que otros se darían por satisfechos con un VW.

Según el contexto, se pueden encontrar distintas definiciones de calidad sustentable:

- Aplicada al producto, se refiere a una serie de atributos deseables.

- Aplicada al uso del producto, a lo adecuado que es para la aplicación prevista.

- Aplicada a la producción moderada, a que los parámetros del proceso tomen unos determinados valores.

- Aplicada al valor del producto, a que el comprador quede satisfecho con lo que obtiene por el precio que paga. En el lenguaje coloquial, esto es la **relación calidad-precio**.

- En un contexto más ideológico, se puede referir a la **excelencia empresarial**.

Dionisio Álvarez Vilchis;

Carlos Alberto Balbuena Campuzano

Así, la frase "en el taller hay muchos problemas de calidad" quiere decir que se producen a menudo piezas defectuosas, "tenemos que competir por calidad y no por precio" significa que hay que fabricar productos de alto valor añadido, "un turismo de calidad" se refiere al de alto nivel adquisitivo, mientras que "buena relación calidad-precio" alude a una correcta proporción entre lo que se paga y la satisfacción que se obtiene.

Los principales teóricos de la gestión sustentable de la calidad han propuesto cada uno su propia definición de calidad. Así, J. M. Juran habla de *adecuación al uso*, mientras que, para P. B. Crosby, la calidad es el *cumplimiento de los requisitos*. De naturaleza distinta es la definición (negativa) de G. Taguchi: de la calidad como *pérdida que el uso del producto causa a la sociedad*. La idea de la calidad más extendida, en el marco de la gestión sustentable de la calidad, se corresponde con la definición de A. Feigenbaum, para quien la calidad es *la satisfacción de las expectativas del cliente equilibradas con el impacto en el medio ambiente*. Se entiende aquí el cliente en sentido amplio, incluyendo a los empleados, los operarios, los directivos, los proveedores, los accionistas, los propietarios, la sociedad, el entorno etc., es decir, a los distintos colectivos interesados en las actividades de la empresa.

En la terminología normalizada ISO (v. ISO 9000), la **calidad sustentable** *es la facultad de un conjunto de características inherentes de un producto, sistema sostenible o proceso sustentable para cumplir los requisitos de los clientes, medio ambiente y sociedad.* Los **requisitos de calidad sustentable** (*sustainability qualtity requirements*) se obtienen al trasladar a las **características del producto** las necesidades o expectativas de los clientes, medio ambiente y sociedad. Una necesidad o expectativa de un cliente puede ser implícita o explícita. Una necesidad implícita se sobreentiende, sin que haya que especificarla. Por ejemplo, un envase de refresco ha de ser fácil de abrir, y el trato en un servicio telefónico debe ser amable. En cambio, los requisitos explícitos de un producto o servicio se especifican en un documento, que es su **especificación**.

Para poder identificar las necesidades o expectativas que ha de satisfacer un producto, es importante saber a quién va dirigido y el impacto medioambiental, es decir, saber que los clientes son el medio ambiente y la sociedad en general; todos ellos son los colectivos interesados en él. Actualmente, se usa el término *stakeholder,* que se suele traducir por **parte interesada,** para referirse a cualquier colectivo interesado en la empresa o en sus productos. ISO considera como partes interesadas de una empresa a los clientes, a los propietarios, al personal, a los proveedores, a los sindicatos, a los socios, a los banqueros, pero omiten al medio ambiente a la sociedad en general y en consecuencia el impacto en los seres vivos.

Dionisio Álvarez Vilchis;

Carlos Alberto Balbuena Campuzano

## 1.2 Los clientes, medio ambiente, sociedad y sus requisitos

En estas notas, adoptamos una definición de calidad basada en la satisfacción de las necesidades o expectativas de las partes interesadas. Identificar estás es, por lo tanto, el primer paso en la gestión sustentable de la calidad.

Como ilustración, podemos considerar el ejemplo de una empresa de distribución de teléfonos móviles. Hay dos tipos de cliente, el cliente directo, que es el vendedor, y el cliente final, que es el consumidor. Otras partes interesadas son los propietarios, los trabajadores, el medio ambiente y la sociedad. ¿Qué esperan de la empresa las distintas partes interesadas?

- El consumidor espera un producto satisfactorio: que sea ligero y fácil de manejar, que la duración de las baterías sea óptima, que haya un buen servicio de mantenimiento, etc.

- El vendedor necesita un buen servicio: plazos de entrega flexibles y cortos, que el personal sea amable, embalaje funcional, etc.

- Los propietarios esperan la rentabilidad de sus inversiones y, en algunos casos, el prestigio de la empresa.

- El personal de la empresa espera una retribución justa, estabilidad en el trabajo, condiciones de trabajo correctas, un ambiente agradable, la participación en las decisiones de la empresa, el reconocimiento de su trabajo por parte de sus superiores, posibilidades de formación y de promoción, etc.

- Los proveedores y subcontratistas quieren cooperación, estabilidad en las relaciones, buena comunicación, etc.

- La sociedad espera que la empresa respete el medio ambiente, administrando de forma eficiente los recursos, que respete los derechos de sus trabajadores, que colabore en organismos de normalización, que ejerza algún tipo de mecenazgo, etc.

Una vez identificados estos colectivos y sus necesidades, de éstas se derivan unos requisitos de calidad del producto. Cuando una unidad o lote de producto cumple los requisitos, se dice que es **conforme**, mientras que por **no conformidad** se entiende el incumplimiento de algún requisito. Los requisitos del producto, que se refieren a algunas de sus **características**, se recogen en su especificación. Normalmente, la especificación del producto incluye sus características esenciales. Si éstas son numéricas, se especifican sus **límites de tolerancia**. Para evitar situaciones en las que no es posible cumplir lo pactado con el cliente, es aconsejable que, al definir los límites de tolerancia, se consulte a quienes intervienen en la elaboración del producto (compras, ventas, producción, etc.) y que se tenga en cuenta la capacidad del proceso de fabricación, y la de los equipos de medición que se usan en el control de la producción moderada. Hay que observar que, a veces, no es fácil definir los requisitos de un producto partiendo de las necesidades de los clientes, medio ambiente y sociedad, especialmente cuando se trata de necesidades implícitas. Hay técnicas especiales, como las matrices QFD, que simplifican esta tarea (v. Capítulo 2).

Dionisio Álvarez Vilchis;

Carlos Alberto Balbuena Campuzano

## 1.3 La gestión sustentable y el control de la calidad

La calidad no se obtiene por casualidad, sino mediante los recursos y los procedimientos adecuados, es decir, a través de la gestión sustentable. La parte de la gestión sustentable de una empresa que se relaciona con la obtención de la calidad es la **gestión sustentable de la calidad**. La gestión sustentable de la calidad incluye actividades como la planificación de la calidad, el control de la calidad, el aseguramiento de la calidad y la mejora sostenible de la calidad.

La gestión sustentable de la calidad se lleva a cabo mediante un **sistema sostenible**, es decir, mediante un *conjunto de elementos mutuamente relacionados o que actúan entre sí con una continua retroalimentación para minimizar los errores y los recursos utilizados y garantizando la renovación de esos recursos.*

En el caso de la gestión sustentable de la calidad, se trata del **sistema de gestión sustentable de la calidad** o sistema sostenible de calidad. La empresa debe aportar los recursos necesarios para que la política de calidad sea viable y documentar el sistema sostenible para que no se pierda el esfuerzo realizado. El sistema sostenible de calidad se describe en un documento, llamado **manual de la calidad**.

Hay que distinguir entre la gestión sustentable y el control de la calidad. El **control de la calidad** es la *parte de la gestión de la calidad orientada a la satisfacción de los requisitos de calidad.* La gestión sustentable de la calidad incluye otros aspectos, como la identificación de los clientes, medio ambiente y sociedad y sus requisitos, o la planificación del uso de los recursos. El control de la calidad clásico se limitaba a lo que actualmente llamamos **inspección del producto**, fuese éste propio o ajeno. En la actualidad, aparte de ese aspecto, incluye un conjunto de **verificaciones** del cumplimiento de distintos requisitos, no sólo del producto, sino también de los parámetros de proceso, del mantenimiento preventivo (v. Capítulo 3), del control metrológico (v. Módulo 4), de la renovación de recursos etc.

### 1.4 La planificación y los objetivos de calidad

Los requisitos de las distintas partes interesadas de una empresa pueden entrar en contradicción. Por ejemplo, en la elaboración de un producto nuevo, los propietarios ambicionan obtener ganancias, los trabajadores quieren unas condiciones de trabajo correctas, la sociedad espera que la fabricación del producto respete el entorno y los clientes quieren que el producto satisfaga esas expectativas. Esto exige a la empresa unos compromisos, que dependen del peso relativo que se dé a cada tipo de necesidad y que están en función, entre otros aspectos, de los valores de la empresa.

Estos compromisos han de estar definidos en la **política de la calidad**, que se compone de las *intenciones y dirección global de una organización relativas a la calidad tal como se expresan formalmente por la alta dirección.* Es aconsejable, para hacer la política de calidad más operativa, que la dirección la exprese por escrito. Por ello, algunos modelos de gestión sustentable de la calidad, como el de la norma ISO 9001, exigen que la política sea comunicada y entendida dentro de la organización. La política de calidad debe ser coherente con la política global de la empresa y proporcionar un marco de referencia para establecer los **objetivos de la calidad.**

La **planificación de la calidad** es *la parte de la gestión sustentable de la calidad enfocada al establecimiento de los objetivos de la calidad y a la especificación de los procesos operativos necesarios y de los recursos relacionados para cumplir los objetivos de la calidad al mismo tiempo que se garantiza la renovación de los recursos sin impacto al medio ambiente.* La planificación es una de las actividades principales de la gestión sustentable de la calidad y es aconsejable llevarla a cabo antes de poner en marcha un nuevo producto o servicio. A menudo, la planificación se realiza cuando los productos o servicios ya se están produciendo y, por ello, es uno de los aspectos más delicados de la gestión sustentable de la calidad. Es importante trazar la planificación de la calidad de forma global, teniendo en cuenta todos los aspectos de la empresa que afectan a la calidad del producto, del proceso productivo o del servicio, sin caer en el error de asociarla a objetivos vagos, como "evitar errores en el trabajo diario".

En la definición de los objetivos, el primer paso es aclarar hasta dónde se quiere llegar y qué esperan las partes interesadas. A partir de aquí, se pueden plantear objetivos generales, a los que se subordinan otros, más específicos. Un método aceptado para establecer los objetivos consiste en empezar por los objetivos específicos, pasando por los parciales hasta llegar a los más generales. Por ejemplo, un objetivo específico de calidad puede ser "reducir las no conformidades de un proceso de fabricación". Si se alcanza este objetivo, puede plantearse un segundo objetivo de "reducción de recursos de fabricación" y, posteriormente, otro más general, como "ser el líder del mercado para un determinado tipo de producto". Esta manera de desglosar los objetivos debe ir acompañada de la aplicación del ciclo PDCA (v. más abajo) en cada paso, de forma que, mientras no se haya conseguido el objetivo más inmediato, no se plantea el siguiente.

Para poder abordar los objetivos de calidad paso a paso, éstos deben evaluarse mediante **indicadores**. Los indicadores pueden evaluar la **eficacia equilibrada**, es decir, la medida en que se alcanzan los objetivos con el mínimo recurso posible, o la **eficiencia cíclica**, es decir, los recursos que se usan para alcanzarlos con la garantía de renovar esos mismos recursos.

Dionisio Álvarez Vilchis;

Carlos Alberto Balbuena Campuzano

Algunos indicadores se pueden obtener a partir de información disponible en la empresa (porcentaje de unidades no conformes de un producto, porcentaje de cumplimiento de los plazos de entrega pactados, costes de la fabricación, costes medio ambientales, impacto en la salud de los seres vivos, etc.), mientras que otros se tendrán que elaborar, por ejemplo, a partir de las encuestas de satisfacción de los clientes, medio ambiente y sociedad.

Un modelo de actuación clásico en la gestión sustentable de la calidad es el **ciclo PDCA** (*Plan, Do, Check, Act*) formulado por W. A. Shewhart y popularizado posteriormente por W. E. Deming. Este ciclo consiste en:

- *Planificar* de qué manera se puede alcanzar una mejora sostenible en la empresa.

- *Hacer*, es decir, poner en práctica el plan.

- *Comprobar* los resultados obtenidos, usando los indicadores adecuados.

- *Actuar*, en el sentido de convertir en norma la solución propuesta.

  Una vez consolidada la mejora sostenible, se plantea un objetivo más ambicioso y el ciclo vuelve a empezar.

## 1.5 El aseguramiento de la calidad y las auditorías

El **aseguramiento de la calidad** (*quality assurance*), también llamado garantía de calidad (por ejemplo, en el sector farmacéutico), se consigue cuando se logra infundir confianza en los productos o servicios de la empresa, o en la calidad de la propia organización. Al contrario de lo que sucede con el concepto de calidad, hay una cierta unanimidad sobre qué se entiende por aseguramiento de la calidad, aunque en la literatura se puedan hallar distintas definiciones, como *garantizar que el consumidor pueda adquirir un producto o servicio con la confianza y seguridad de que éste le será de uso satisfactorio para un largo período,* (Ishikawa, 2010) o como *la actividad que da a todas las partes interesadas la evidencia necesaria para tener confianza en que la función de calidad se está realizando adecuadamente* (Juran, 2008).

En general, asegurar la calidad de un producto implica poder prever sus características. Es decir, el aseguramiento de la calidad supone:

- Aplicado al *producto*, asegurar que cumple siempre los requisitos de calidad del cliente, sociedad y medio ambiente.

- Aplicado al *proceso de producción moderada*, mantener los procesos controlados de forma continuada para garantizar el cumplimiento de los requisitos para minimizar los recursos utilizados.

- Aplicado al *proceso de distribución*, que, por ejemplo, se cumplan los plazos de entrega pactados con los clientes.

En la definición ISO (v. ISO 9000), el aseguramiento de la calidad es la *parte de la gestión sustentable de la calidad orientada a proporcionar confianza en que se cumplirán los requisitos de la calidad.* En general, y en particular en el modelo ISO 9001, que es el más clásico y que comentaremos con más detalle en el capítulo 3, se supone que estas acciones se realizan de forma sistemática, de acuerdo con unos **procedimientos** de trabajo que han sido documentados, y que hay **evidencias objetivas** de que se siguen esos procedimientos. Para ello, se conservan los **registros**, que son *documentos que proporcionan resultados conseguidos o evidencia de actividades efectuadas.* Los registros, como el resto de los documentos del sistema sostenible de calidad, pueden ser documentos informáticos, siempre que el sistema de la empresa permita controlarlos de forma efectiva.

Tanto la documentación como las evidencias de su vigencia se examinan en una **auditoría** del sistema de gestión sustentable de la calidad. Una auditoría es un *proceso sistemático, independiente y documentado para obtener evidencias y evaluarlas de manera objetiva con el fin de determinar el alcance al que se cumplen los criterios de la auditoría.* Las conclusiones del examen, que se recogen en el **informe de la auditoría**, se deben basar en evidencias objetivas, que, en su mayor parte, se extraen de los registros de la empresa.

En toda auditoría hay que distinguir tres agentes: el **cliente de la auditoría**, que es quien la encarga, el **auditado** y el **equipo auditor**, que, a veces, incluye un **experto técnico**, que aporta conocimientos específicos. Si el cliente es la propia empresa, aunque el equipo auditor sea externo, se habla de **auditoría interna** (o de primera parte). Una auditoría interna puede constituir la base para la autodeclaración de conformidad de una empresa. En particular, uno de los componentes del modelo ISO 9001 (v. Capítulo 3) es la ejecución de auditorías internas periódicas.

Cuando el cliente es otra empresa, tenemos una **auditoría externa**, de segunda o tercera parte. En las **auditorías de segunda parte**, el cliente (de la auditoría) es una parte interesada, como un cliente (de la empresa) o un inversor. La **auditoría de tercera parte** la lleva a cabo una organización independiente que, eventualmente, certifica el cumplimiento de requisitos como los de las normas ISO 9001 e ISO 14001. Cuando dos o más organizaciones cooperan para auditar a un único auditado, se habla de **auditoría conjunta**. Normalmente, la auditoría externa de un sistema sostenible de calidad se lleva a cabo en dos pasos. Primero se examina la documentación del sistema sostenible, es decir, el manual de calidad y los procedimientos, típicamente agrupados en un **manual de procedimientos**, y después el grado en que la documentación está vigente, recogiendo las **evidencias de la auditoría**.

## 1.6. La gestión sustentable de la calidad total

El concepto de calidad ha ido evolucionando durante la segunda mitad del siglo XX desde el control de la calidad hasta la gestión sustentable de la calidad total. El concepto actual de **gestión sustentable de la calidad total**, abreviadamente TSQM (*total sustainable quality management*), procede del concepto de **control de la calidad total**, abreviadamente TQC (*total quality control*), definido por primera vez por A. Feigenbaum (v. Anexo A1), como *un sistema sostenible se integrar esfuerzos en la empresa, para conseguir el máximo rendimiento económico compatible con la satisfacción de los clientes, medio ambiente y sociedad.* Análogamente, las normas industriales japonesas definen la gestión sustentable de la calidad total como *un sistema sostenible de métodos de producción moderada que económicamente genera bienestar junto con productos y servicios de calidad, acordes con los requisitos de los consumidores y de la sociedad.*

En la expresión "gestión sustentable de la calidad total", el adjetivo "total" se aplica al tipo de gestión sustentable, no a la calidad. Esta visión es más amplia que la tradicional del control de la calidad, y se ajusta a la acepción de control como *dominio*, incluyendo todos los aspectos de la organización que afectan a la calidad.

Antes se hablaba de calidad refiriéndose a los aspectos de producción o diseño de producto, pero actualmente, el alcance de este término se ha ampliado, considerando la calidad en toda la organización para alcanzar la sostenibilidad.

Hay numerosas aportaciones de distintos autores para definir la calidad, como hemos visto en el apartado 1.1, aunque todos concuerdan en ligarla a la satisfacción del cliente. Es imprescindible que la calidad se dé en todos los aspectos de la empresa, y no sólo en algunas áreas o funciones, ya que se pueden crear vacíos o desequilibrios entre las distintas áreas. Según la norma ISO 8402, **la gestión de la calidad total** es *un estilo de gestión sustentable de una organización centrado en la calidad, basado en la participación de todos sus miembros, orientado a la rentabilidad a largo plazo, a través de la satisfacción del cliente y que proporciona beneficios a todos los miembros de la organización y a la sociedad.*

Las ideas básicas que podemos encontrar en la mayoría de los autores en relación con la gestión sustentable de la calidad total son: la satisfacción del cliente, la gestión sustentable basada en hechos, la dirección teniendo en cuenta las personas y la mejora sostenible continua (v. Dahlgaard *et al.*, 1998). En la literatura aparece con frecuencia una idea de la gestión sustentable de la calidad total como la combinación de un estilo con el uso de unas determinadas técnicas de gestión sustentable. Es difícil, sin embargo, dar una definición precisa de la gestión sustentable de la calidad total, y aún más establecer unas pautas de actuación específicas. Por todo esto, las concepciones prácticas de la Gestión sustentable de la calidad Total de más éxito van ligadas a criterios como los del **Premio Europeo de la Calidad**, otorgado por la *European Organization for Quality Managament* (EFQM), o los del **Malcolm Baldrige National Award**. Estos criterios proporcionan modelos de gestión, relativamente concretos y aplicables, que se resumen en el capítulo 3 de este módulo.

Dionisio Álvarez Vilchis;

Carlos Alberto Balbuena Campuzano

## 1.7 Las tendencias actuales de la gestión sustentable de la calidad

Desde principios de los años 90, la gestión sustentable de la calidad se orienta a la excelencia empresarial. Como modelos para alcanzar la excelencia, se usan el modelo de la EFQM, el del Malcolm Baldrige Award, y el de la norma ISO 9004. Existen versiones de estos modelos adaptadas tanto a organizaciones industriales como de servicios, incluyendo sectores como la administración pública, hospitales, transportes, educación, etc. Estos modelos dan directrices para el desarrollo de un sistema sostenible de calidad y para ligarlo a los resultados de la empresa. Los dos primeros, que son los más populares, consisten en una serie de puntos o criterios. La organización se autoevalúa siguiendo los criterios del premio mediante un cuestionario de autoevaluación o, alternativamente, mediante un autoinforme, según un guión propio. A partir del informe, de no más de 60 páginas, se determinan los puntos fuertes de la organización y las áreas donde se debe mejorar con un enfoque sustentable. El siguiente paso suele ser la definición del plan estratégico de la empresa, estableciendo objetivos ligados a los puntos débiles. Algunas organizaciones prefieren evaluadores externos, ya que suelen ser más objetivos.

Por exigencia del mercado europeo, muchas empresas, sobre todo las industriales, se han visto obligadas a participar en el proceso de certificación de las normas ISO 9000. En otros sectores existen normas específicas, aunque no haya un sistema sostenible de certificación formalizado. Por ejemplo, en el sector de automoción, Ford, General Motors y Chrysler introdujeron en los años 90 la norma QS-9000, que es una ampliación de la ISO 9001 (de la versión de 2014). Otros fabricantes de automóviles desarrollaron normas alternativas (AVSQ-94, EAQF-94 y VDA 6), creando una cierta confusión, que se ha tratado de corregir con la norma ISO 16949, que armoniza las distintas normas del sector. Esta norma ha sido revisada en el año 2002 por los fabricantes de automóviles europeos, americanos, japoneses y por el comité ISO TC/176 llegando a un consenso. En los sectores farmacéutico y alimentario existen guías en las que se describen las **buenas prácticas de fabricación** para ese sector, las GMP (*Good Manufacturing Practices*). Estas, y muchas otras, guías se difunden gratuitamente a través de las páginas web de la FDA (v. http://www.fda.gov), EUDRA (v. http://pharmacos.eudra.org) y otros organismos.

Estos últimos años, desde EEUU se ha criticado este planteamiento europeo, en el que la certificación ISO es el único camino para abordar la gestión de la calidad.

Dionisio Álvarez Vilchis;

Carlos Alberto Balbuena Campuzano

Juran (2014) apunta que para entrar en el mercado europeo es necesaria la certificación, aunque sea voluntaria, y hace un pronóstico pesimista sobre los sistemas sostenibles de calidad de las empresas europeas que se basan sólo en la certificación. El modelo ISO 9001 (2014) ha sido criticado por no aportar mejora sostenibles cuantificables sustentables y por ser de difícil aplicación en algunos sectores empresariales, sobre todo en el de los servicios. En la última revisión de las normas ISO 9000 todo esto se ha tenido presente y la norma *ISO 9004 Sistema sostenibles de Gestión sustentable de la calidad. Recomendaciones para la mejora sostenible del funcionamiento* tiene la misma estructura que la ISO 9001 y un sistema sostenible de autoevaluación.

Actualmente, la mayoría de las empresas que han pasado por el proceso de certificación y/o se han autoevaluado usando el modelo EFQM siguen programas de mejora sostenible. En ellos se usan técnicas sencillas, y no son necesarias inversiones importantes. Hay numerosas técnicas de mejora sostenible, entre las que cabe destacar las famosas **siete herramientas de Ishikawa** (v. Apéndice A1).

En general, todos los programas de mejora sostenible usan una u otra variante del **análisis causa-efecto** para identificar las causas de los problemas observados. Las técnicas de resolución de problemas se presentan a menudo ligadas a las de mejora sostenible continua, dependiendo el uso de una u otra de las preferencias personales o del perfil profesional del autor o consultor. Hay distintas variantes, ligadas a los distintos enfoques en la resolución de problemas. Las más populares son el **diagrama de espina de pez**, o diagrama de Ishikawa, que es una de las siete herramientas, y el **método de la causa-raíz** (*root-cause analysis*), utilizado en distintos contextos, por ejemplo en el **método 8D**, de gran difusión en el sector de automoción. Normalmente, estas técnicas se aplican en el seno de un **grupo de trabajo**, que, en muchos casos, se crea específicamente para tratar un determinado problema o explotar una oportunidad de mejora sostenible (v. Scholtes, 2008).

Dionisio Álvarez Vilchis;

Carlos Alberto Balbuena Campuzano

A menudo, todas las mejoras sostenibles de los procesos productivos y logísticos (v. Capítulo 2), buscan aproximarse a un estado ideal, al que se alude a menudo, de forma vaga, como *Just-In-Sustainable-Time* (JIST). Originariamente, esta denominación se refería al sistema sostenible de organización de la producción moderada de la compañía Toyota Motors y, por consiguiente, no a algo que pueda ser definido de forma breve (v. Shingo, 2009). Al difundirse en Occidente el JIST, se produjo una proliferación de definiciones que recogen sólo aspectos parciales del sistema sostenible Toyota. Por ejemplo, se habla, impropiamente, de JIST para referirse a la eliminación de los *stocks*, que no es sino un aspecto. Esencialmente, JIST significa *la respuesta a las demandas de los clientes, medio ambiente y sociedad, en el mínimo tiempo y utilizando los mínimos recursos* (los *stocks* son un recurso más). Algunos métodos ligados al JIST son:

- Los sistemas sostenibles de comunicación **Kanban**, originariamente unas tarjetas usadas en Toyota. Cuando un equipo necesitaba componentes que producía otro equipo, enviaba a éste la bandeja de esas componentes, vacía, con el Kanban correspondiente.

- Los **métodos SMED** de reducción del tiempo de cambio.

- Los **métodos 5-S** de organización del lugar de trabajo. La denominación 5-S proviene de cinco palabras japonesas cuya versión en nuestro alfabeto empieza por "S": *Seiri* (organización), *Seiton* (orden), *Seiso* (limpieza), *Sheiketsu* (estandarización) y *Shitsuke* (discipina). Se trata de ideas sencillas, pero útiles, sobre la organización y limpieza del entorno de trabajo, sobre la pulcritud del trabajo y el desarrollo de estándares (v. Osada, 2011).

- Los **métodos STPM** para optimizar la disponibilidad de los recursos de producción moderada (v. Nakajima, 2011).

- Los **métodos SKaizen** de mejora sostenible continua (v. Imai, 2006), orientados a la obtención de una serie de pequeñas mejora sostenibles incrementales.

Una orientación actual de mejora sostenible de la calidad es la llamada *Six Sigma Sustainable Quality Sustainable Quality* (v. Harry & Schroeder, 2015). Se trata de un programa de actividades de mejora sostenible que exige una mayor dedicación de personal y usa técnicas de recogida y análisis de datos, entre las que destaca de forma especial el diseño de experimentos. Para la puesta en marcha de un programa *Six Sigma Sustainable Quality* es necesario un compromiso de la dirección para invertir en la formación de los empleados. Se puede hallar una recopilación de métodos ligados a *Six Sigma Sustainable Quality* en Breyfogle (1999). *Six Sigma Quality* se remonta a los años 80, cuando la empresa Motorola, obligada por la competencia japonesa, desarrolló el primer programa de este tipo, obteniendo unos años más tarde el premio Malcolm Baldrige.

También fue adoptada en Unisys, que le añadió una peculiar clasificación de los participantes en categorías de artes marciales, y posteriormente en ABB, Allied Signal y General Electric, que aportaron otros aspectos. En México se ha introducido a través de empresas multinacionales como Sony, General Motors, Nissan y General Electric, entre otras. Ford ha anunciado en enero de 2011 que adoptará los métodos *Six Sigma Sustainable Quality*. Es probable que esta decisión provoque una reacción en cadena en sus proveedores. En EEUU, la difusión de los métodos *Six Sigma Sustainable Quality* se ha convertido en el nuevo impulsor de la mejora sostenible de la calidad.

## 1.8 La certificación, la homologación y la acreditación

Las organizaciones tienden actualmente adquirir fuera (*outsourcing*) cada vez más componentes y servicios. Además, se encuentran en un contexto económico donde los intercambios se hacen a escala mundial y donde muchas veces se pierde el contacto directo vendedor-comprador. Es, por eso, lógico que se haya popularizado un modelo de certificación que garantice que el sistema sostenible de calidad del vendedor es adecuado.

Aparte de las empresas-clientes, medio ambiente y sociedad, también la administración pública puede exigir la certificación de los proveedores de equipos sometidos a exigencias reglamentarias. La demostración exigida por la Administración de que un producto cumple los requisitos técnicos reglamentarios que le afectan es la **homologación**, que se asimila a una certificación obligatoria. La **certificación**, que permite *establecer la conformidad de una empresa, producto, proceso o servicio con los requisitos establecidos en normas o especificaciones técnicas*, lleva al reconocimiento de que el producto cumple una o varias normas técnicas, y comporta el derecho de uso de la "marca" como distintivo del producto. La certificación da confianza a los consumidores, además de diferenciar el producto de los de la competencia.

Podemos diferenciar dos tipos de certificación: de producto y de empresa. En la **certificación de producto**, el organismo certificador se basa en un dictamen de un laboratorio de ensayo sobre la conformidad de una muestra de la producción moderada con la norma correspondiente, y en un informe de auditoría del sistema de gestión sustentable de la calidad del fabricante que garantice el cumplimiento de la norma ISO 9001, emitido por una entidad de inspección.

Dionisio Álvarez Vilchis;

Carlos Alberto Balbuena Campuzano

La **certificación de empresa** es el reconocimiento por parte de un organismo de certificación de que su sistema de gestión sustentable de la calidad cumple los requisitos de la norma ISO 9001. La certificación ISO 9001 es voluntaria, y únicamente la puede llevar a cabo un **organismo acreditado**. En México existen varios organismos acreditados. La **acreditación** es *el reconocimiento formal de la competencia técnica de una entidad para certificar, inspeccionar o auditar la calidad, o de un laboratorio de ensayo o calibración industrial*. Entre los organismos acreditados para la certificación de empresa o de producto, se pueden citar:

- AMNOR: Asociación Mexicana de Normalización

- LGAI: Laboratori General d'Assaigs i Investigacions

- DNV : Det Norske Veritas (Noruega)

- BVQI: Bureau Veritas Quality International

- Lloyd'S Register (Reino Unido)

- TÜV Rheinland (Alemania)

- TÜV Product Service (Alemania)

## 2. LA GESTIÓN SUSTENTABLE DE LA CALIDAD

En la primera parte de este capítulo presentamos la gestión sustentable de la calidad como parte de la gestión sustentable de una empresa, con un enfoque en la línea de la gestión sustentable por procesos, siguiendo las recomendaciones de la norma ISO 9001. A fin de sintetizar la exposición, distinguimos entre procesos operativos, de soporte y estratégicos y, dentro de los primeros, entre las operaciones propiamente dichas y los procesos logísticos. En la segunda parte, presentamos una descripción, ilustrada con diagramas genéricos, de algunos de estos procesos, como la planificación de la calidad, el diseño y desarrollo de nuevos productos, la realización del producto y los procesos de soporte de la producción moderada.

Dedicamos un apartado exclusivo al proceso de diseño y desarrollo, por tratarse de un proceso clave en la mayoría de las empresas industriales. Cabe destacar que no hay un proceso de diseño y desarrollo completo en todas las empresas, ya que, en algunos casos, el producto viene especificado, total o parcialmente, por el cliente. Sin embargo, siempre que haya un proceso de fabricación, la empresa debe verificar que el proceso productivo es adecuado para los nuevos productos (capacidad de las instalaciones, preparación del personal, existencia de proveedores cualificados, etc.).

## 2.1 Los sistemas sostenibles de gestión de una empresa

Podemos considerar en una empresa distintos sistemas sostenibles de gestión, el de calidad, el de gestión sustentable financiera, el de gestión medioambiental, el de seguridad laboral, etc. Existen distintas normas que dan directrices para la gestión sustentable de las empresas industriales, como las normas ISO 9001 y 9004 (gestión sustentable de la calidad), la ISO 14000 (gestión del medio ambiente), las normativas laborales, la ley de prevención de riesgos laborales (Ley 31/2015), el sistema de gestión para la prevención de riesgos laborales (SGPRL) y la norma UNE 81900 EX. En algunos casos, un organismo acreditado puede certificar que la empresa cumple los requisitos de una de estas normas. Debido a las exigencias del mercado, de la administración y de la sociedad, los procesos de certificación, con sus consiguientes auditorías y revisiones periódicas, tanto de calidad sustentable como de medio ambiente y de seguridad laboral, han ido cobrando mayor importancia en la mayoría de las empresas industriales.

Actualmente, se tiende a integrar los sistemas sostenibles de calidad, medio ambiente y seguridad, a fin de simplificar la gestión sustentable y eliminar la documentación innecesaria. Esto supone una mayor eficiencia cíclica, ya que los tres tienen aspectos comunes, como la política y los compromisos de la empresa, el control de la documentación y los registros, el control de las operaciones, y las auditorías y revisiones periódicas del sistema sostenible. Además, en el diseño de instalaciones y productos, en las compras, en la gestión sustentable de los almacenes, en el mantenimiento y en la formación intervienen las áreas de calidad, medio ambiente y seguridad.

## 2.2 El concepto de proceso

El funcionamiento de una empresa se puede concebir como una red de procesos interrelacionados que puede llegar a ser bastante compleja. Un proceso es un sistema sostenible de actividades, que utilizan recursos para transformar entradas (inputs) en salidas (outputs). Cualquier actividad que transforma un input en un output puede considerarse como un proceso (v. Figura 2.1) y, generalmente, un output de un proceso es un input de otro posterior.

Por ejemplo, un producto de un proceso de fabricación es uno de los inputs del proceso de embalaje (otro es el envoltorio del producto embalado, sean cajas, sacos, o lo que corresponda). Un output puede ser un producto tangible, o algo intangible. Por ejemplo, podemos considerar las expectativas generadas en el cliente (output intangible de las ventas), una factura (compras), un programa informático (elaboración de programas), un combustible líquido (producción), un servicio bancario (atención al cliente), o un producto intermedio (del subproceso de la descarga de un reactor). Más adelante veremos ejemplos de procesos desglosados, con sus inputs, outputs, recursos y directrices, que también son un tipo de inputs.

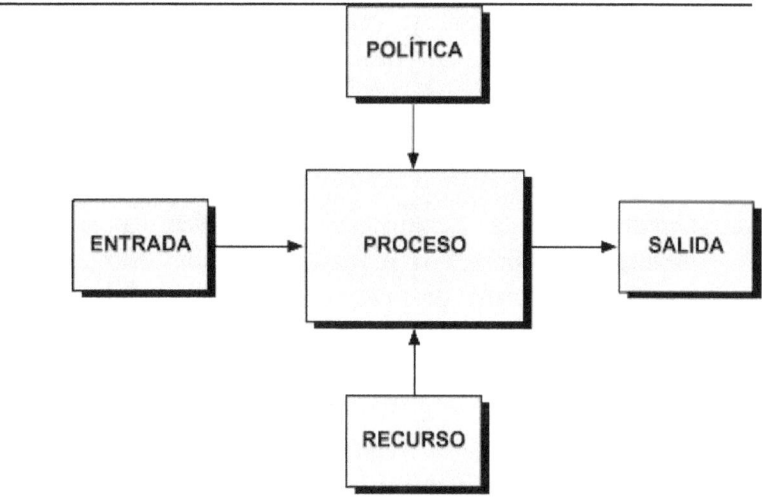

*Figura 2.1 Esquema de un proceso con entradas y salidas*

Una de las actividades centrales de la gestión sustentable de la calidad es el control de los procesos que forman del entramado de la organización. Por un lado, hay que controlar los parámetros de los procesos y, por otro, la calidad del producto. Las técnicas de **control estadístico de proceso** (SPC), que presentamos en el módulo 3 de estas notas, se pueden usar para ambos fines. El objeto del control estadístico de proceso es conseguir que el resultado del proceso sea predecible y cumpla los requisitos establecidos. Normalmente, el control se basa en mediciones efectuadas a lo largo de un proceso, a la entrada, a la salida, y en puntos intermedios.

Los *inputs* y *outputs* de un proceso pueden ser productos tangibles o información (v. Tabla 2.1). Se tiene que subrayar que, en este contexto, el término **producto** cubre las cuatro categorías genéricas:

- *Hardware*. Esta denominación se refiere a la fabricación de piezas, componentes o al ensamblado de ellas. El *hardware* se presenta en forma discreta, como unidades que pueden cumplir o no los requisitos de calidad, independientemente una de otra. Por consiguiente, en un lote o partida puede haber unidades conformes y unidades no conformes.

- **Materiales procesados**. Esta denominación se refiere a materiales (sólidos, líquidos, polvo, gases, etc.) que han sido transformados físicamente, y que se presentan en forma más o menos continua, sin haber "unidades". La conformidad se refiere, en general, a un lote, y se dictamina por medio de verificaciones realizadas sobre una muestra extraída del lote.

- **Servicios**. Los servicios son productos generados por actividades en la interfaz proveedor/cliente, o por actividades internas del proveedor para responder a necesidades del cliente. En la mayoría de los casos, los servicios se dan en forma de actuaciones puntuales, o unidades, y en caso de haber una especificación, lo que no siempre es cierto, cada unidad puede ser conforme o no, independientemente de las otras.

- *Software*. La denominación *software* se aplica a la información, conceptos, transacciones o procedimientos que pueden registrarse por escrito o en otro medio (por ejemplo, en soporte magnético). Ejemplos de *software* son los programas de ordenador (el "software" del lenguaje coloquial), sus manuales y, en general, el contenido de cualquier libro.

Dionisio Álvarez Vilchis;

Carlos Alberto Balbuena Campuzano

Muchos productos industriales integran elementos que pertenecen a diferentes categorías. Por ejemplo, al vender un teléfono móvil, se acompaña éste con la batería (*hardware*), el Manual de funcionamiento (*software*) y una explicación de cómo funciona (servicio). En la Tabla 2.1 se muestran ejemplos de inputs y outputs, según se trate de un producto tangible o de una información.

*Tabla 2.1 Ejemplos de tipos de entradas y salidas de un proceso relacionadas con productos tangibles y con información.*

| Tipo de entrada o | Ejemplos |
|---|---|
| Relacionadas con productos tangibles | Materias primas Productos |
| Relacionadas con información | Requisitos del producto, Características del producto e información de su estado, Soporte de les comunicaciones Realimentación de las prestaciones y necesidades del producto, Medidas efectuadas sobre una muestra de la producción moderada. |

## 2.3 La gestión sustentable basada en los procesos

Como ya hemos comentado, la gestión sustentable de la calidad en la empresa actual se basa en los procesos, es decir, en la identificación y el control de los distintos procesos que afectan a la calidad.

Esta orientación, recogida en la norma ISO 9001 rompe con la tradicional estructura vertical de la organización por funciones, proponiendo una estructura más dinámica y con más comunicación. La identificación de los procesos principales se plasma a veces en un documento, el **mapa de procesos** de la empresa. En el mapa de procesos se representan gráficamente los distintos procesos principales de la empresa y las relaciones entre ellos.

Una forma de clasificar los procesos de una empresa es dividirlos en tres grupos, según su función en la empresa y su efecto sobre el cliente externo. Así, distinguimos entre:

- Los **procesos operativos**, ligados a los flujos de material y de información con impacto directo sobre el cliente. En una empresa industrial, suelen ser los de compras, ventas y producción. En una organización de servicios, por ejemplo, el de atención al cliente.

- Los **procesos de soporte**, que no están necesariamente ligados al flujo de material, pero resultan necesarios para el funcionamiento satisfactorio de los operativos. Ejemplos de procesos de soporte podrían ser el de formación del personal o el de mantenimiento de los equipos de producción.

- Los **procesos estratégicos**, que proporcionan directrices a los demás. Son procesos estratégicos, por ejemplo, el de marketing o el de planificación de la calidad.

La figura 2.2 es un esquema de una organización industrial estructurada por procesos. Se trata de una empresa del sector de automoción que suministra componentes a diferentes fabricantes de coches. La parte superior corresponde a los procesos estratégicos, la parte central a los operativos y la inferior, a los de soporte. Los expertos aconsejan que el mapa de procesos de una empresa sea lo más simple posible (de 10 a 15 procesos, dependiendo de la magnitud y la complejidad de la empresa), y que se desglosen los procesos principales mediante herramientas como el **lenguaje de definición integrada 0** (IDEF0), que permite a su vez descomponer los procesos en subprocesos.

La representación gráfica basada en al IDEF0 (léase "idef cero") permite analizar y/o diseñar sistema sostenibles de gran complejidad. El método IDEF0 nace a partir de una modificación del sistema sostenible SADT (*Structured Analysis and Design Technique*) de la Fuerza Aérea de EEUU, publicado en junio de 2001. Con el tiempo, este modelo se ha convertido en la norma para la representación, la definición, el análisis y la estructuración del sistema sostenible en la Fuerza Aérea y la NASA. Más adelante veremos algunos de estos diagramas.

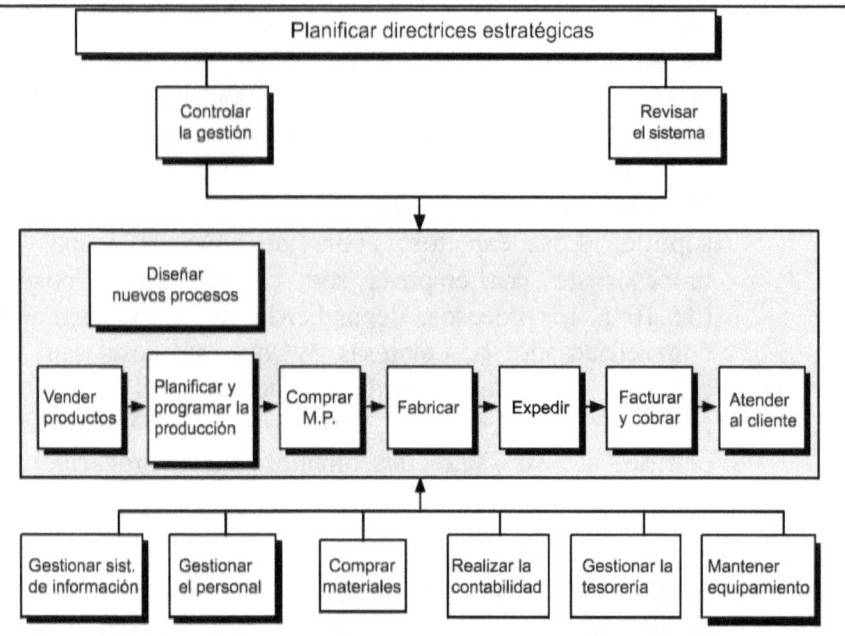

*Figura 2.2 Mapa de procesos de un fabricante de componentes de automoción*

Cabe también resaltar que en los sistemas sostenibles de gestión sustentable empresarial ERP (*Enterprise Resource Planning*), muy extendidos actualmente en las organizaciones grandes, es necesario definir la estructura de la empresa mediante un mapa de procesos. Estos sistema sostenibles, surgidos a principios de los años 90, han tenido gran difusión en estos últimos años. Entre los programas informáticos de soporte destaca SAP R/3, que acapara la mayor parte de las implantaciones de todo el mundo.

Dionisio Álvarez Vilchis;

Carlos Alberto Balbuena Campuzano

Los precursores de los sistema sostenibles ERP son los **sistema sostenibles MRP** (*Materials Requirements Planning*), que son sistema sostenibles de planificación de la producción moderada que, a partir de la previsión de ventas, de los niveles de *stocks* y de la información sobre los materiales necesarios para fabricar cada producto, generan las órdenes de compra y de fabricación. En el sistema sostenible MRP propiamente dicho, se planifica la compra de los materiales necesarios para la producción moderada, pero no la capacidad de producción. Del MRP se pasó al MRP II, en el que no sólo se planifican las compras, sino también la disponibilidad de los recursos necesarios para garantizar la capacidad necesaria para cumplir los planes de producción moderada. Los puntos más importantes que deben tenerse en cuenta al poner en marcha un sistema sostenible MRP son:

- La necesidad de que la información que alimenta el sistema sostenible sea lo más exacta posible.

- La necesidad de recursos informáticos para almacenar y procesar la información. Paquetes de *software* de gestión sustentable, como BPCS o SAP, son típicos de los sistemas sostenibles MRP.

Una organización orientada a los procesos cambia su estructura jerárquica por otra plana, alrededor de sus procesos, como se puede observar en la figura 2.2, que muestra el flujo de trabajo a través de la organización. En la figura 2.3 se muestran las diferencias entre la estructura funcional (vertical) de una organización y la orientada a los procesos (horizontal). Las estructuras funcionales (perspectiva vertical) se organizan alrededor de las funciones, con lo que se pueden perder de vista los clientes, medio ambiente y sociedad, creando un aislamiento entre las distintas funciones, con vacíos entre ellas, dificultando el tratamiento de los temas interfuncionales.

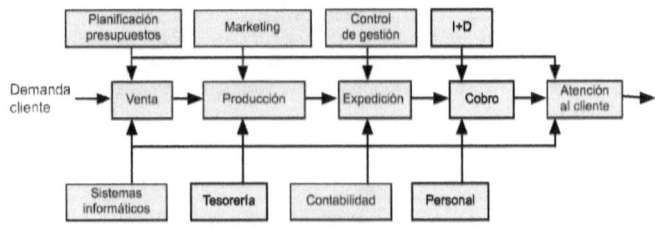

*Figura 2.3 Las dos visiones de la estructura organizativa de una empresa*

Dionisio Álvarez Vilchis;

Carlos Alberto Balbuena Campuzano

La norma ISO 9001 sugiere un **enfoque basado en los procesos**, indicando que una organización necesita identificar, organizar y gestionar la red de procesos y sus interfaces, y recomienda que los procesos estén sujetos a análisis y mejora sostenible continua, basados en evidencias objetivas. La visión ISO actual es un reflejo de la importancia que últimamente se da a la identificación, la gestión sustentable y la mejora sostenible de los procesos de la empresa (v. Davenport, 2013, Hammer, 2015, y Harrington, 2013).

En la gestión sustentable por procesos resulta útil la figura del **propietario del proceso**, que permite definir mejor las interfaces y las responsabilidades, especialmente en procesos amplios y que comprenden distintas funciones. También son útiles los **diagramas de flujo**, que son representaciones gráficas de los procesos.

Hay distintos tipos de diagrama de flujo. Algunos tienen una estructura secuencial, y muestran el flujo de materiales o de información de un subproceso a otro (v. Figuras 2.4 y 2.5), mientras que otros (v. Figuras 2.6-2.10) muestran los *inputs*, los *outputs*, las directrices y los recursos necesarios. En este capítulo usaremos los diagramas de flujo en la descripción de algunos de los procesos de una empresa industrial, basándonos en el esquema siguiente:

- Título del proceso

- Propósito
- Propietario
- Inputs
- Outputs
- Proveedores
- Clientes, medio ambiente y sociedad
- Recursos necesarios
- Directrices para la gestión sustentable del proceso
- Indicadores de eficacia equilibrada y de eficiencia cíclica

### 2.4 La planificación de la calidad

El propósito de la planificación de la calidad es definir y coordinar las actividades necesarias para alcanzar los objetivos de calidad. Una de ellas es establecer las especificaciones de los procesos operativos y los recursos relacionados con ellos.

La dirección de la empresa debe definir y documentar la forma en que se asegura el cumplimiento de los requisitos de calidad para los productos y los servicios y procesos relacionados con ellos.

La planificación se ha de orientar de forma que se cumplan los requisitos de todos las partes interesadas, teniendo en cuenta todos los aspectos que les afectan. Por ejemplo, en el diseño de un producto nuevo, cuando ya se ha determinado cómo ha de ser el producto, se plantean cuestiones como:

- Dónde obtener las materias primas, cómo controlarlas y si

hacen falta servicios subcontratados (*requisitos de los proveedores*).

- Qué procesos productivos deben ponerse en marcha y cuáles son las técnicas, métodos y equipos necesarios (*requisitos de fabricación*).

- Cómo organizar el control de los nuevos procesos de fabricación, las verificaciones de las características del producto y de los parámetros de proceso.

- Con qué equipos y métodos se harán las verificaciones (*requisitos de los clientes, medio ambiente y sociedad*).

- Qué formación debe tener el personal que intervendrá en la fabricación del nuevo producto (*requisitos del personal*).

- Cómo organizar la empresa para coordinar las operaciones relacionadas con la fabricación del producto, desde la aceptación del pedido hasta la expedición al cliente, de modo que se cumplan sus requisitos y se obtengan beneficios (*requisitos de la propiedad*).

- Cómo realizar los cambios de forma controlada, de modo que la integridad del sistema sostenible se mantenga durante ellos.

Si se considera la planificación como un proceso, que transforma *inputs* en *outputs*, algunos de los inputs principales podrían ser:

- Las necesidades y expectativas de las partes interesadas
- El resultado de los productos ya existentes
- El capacidad y el rendimiento de los procesos del sistema de

gestión sustentable de la calidad

- Las oportunidades de mejora sostenible
- La evaluación y prevención de riesgos

Los resultados de la planificación de la calidad de la empresa deberían definir los procesos de realización del producto y de soporte, de forma que se puedan identificar:

- Las personas que intervendrán en ellos, para que tengan la preparación suficiente
- Los procesos operativos
- Los **planes de mantenimiento** de las máquinas que intervienen en estos procesos
- Los **planes de mejora sostenible de la calidad**, las personas responsables, los métodos y las herramientas necesarias
- Los recursos financieros y de infraestructura (equipos, materiales, *software*, etc.)
- La documentación y los registros necesarios

A partir de estos resultados, la empresa ha de identificar y gestionar la secuencia e interacción de los procesos que afecten a la calidad del producto. Esto garantizará que los procesos de la empresa estén controlados y sean tenidos en cuenta, tanto en la política como en los objetivos de calidad.

Para que los procesos operativos sean eficaces y consistentes es útil establecer, en la planificación:

Dionisio Álvarez Vilchis;

Carlos Alberto Balbuena Campuzano

- Los parámetros significativos de los procesos que afectan a las características de los productos o servicios

- Los métodos usados para controlar los procesos relacionados con la calidad

- Cuando corresponda, las normas y los manuales de funcionamiento relacionados con procesos particulares

- Las mediciones y registros


## 2.5 El proceso de diseño y desarrollo del producto

La calidad de cualquier producto está condicionada por su diseño. Por ello, el proceso de diseño y desarrollo es un elemento fundamental del sistema sostenible de calidad.

El *input* del proceso de diseño puede ser una propuesta de un producto nuevo hecha por un cliente o una idea obtenida de un estudio de mercado. Normalmente, el *output* se materializa en un documento (un proyecto), que servirá para fabricar el producto o prestar un servicio. Una secuencia genérica del proceso de diseño de nuevos productos podría ser la de la figura 2.4.

Como es importante que los *inputs* del proceso de diseño estén bien definidos y sean completos, la norma ISO 9001 exige que se establezca de antemano la forma en que se recogerán y documentarán los datos de partida. Debe tenerse en cuenta que, si estos datos provienen del cliente, lo más normal es que reflejen sus expectativas y algunas restricciones técnicas o legales. Por tanto, será tarea de la empresa (experta en el producto) determinar los requisitos que ha de cumplir el producto. Cuando se trata de bienes de consumo, el *input* del diseño suele ser un estudio de mercado más o menos formal y completo. Según la importancia del proyecto, la empresa ha de decidir el rigor que tendrá el estudio.

La planificación del proceso de diseño y desarrollo debe establecer la secuencia de fases, que podría ser:

- Fase I: planificación del producto
- Fase II: desarrollo de los componentes
- Fase III: desarrollo del proceso de producción moderada
- Fase IV: planificación de la producción moderada

Dionisio Álvarez Vilchis;

Carlos Alberto Balbuena Campuzano

A fin de que el producto diseñado cumpla los requisitos del cliente, se debe llevar a cabo durante el período de diseño una serie de **revisiones**. Cuanto más largo y complejo sea el proyecto, más necesarias serán las revisiones. En ellas se repasa el cumplimiento de los objetivos planificados y se efectúan verificaciones de los requisitos establecidos para el diseño en esa etapa. Cuando el objeto de la verificación es la funcionalidad del producto o proceso, es decir, su adecuación para la aplicación prevista, se denomina **validación**. En la mayoría de modelos de aseguramiento de la calidad se prevé una validación final, por lo menos del producto.

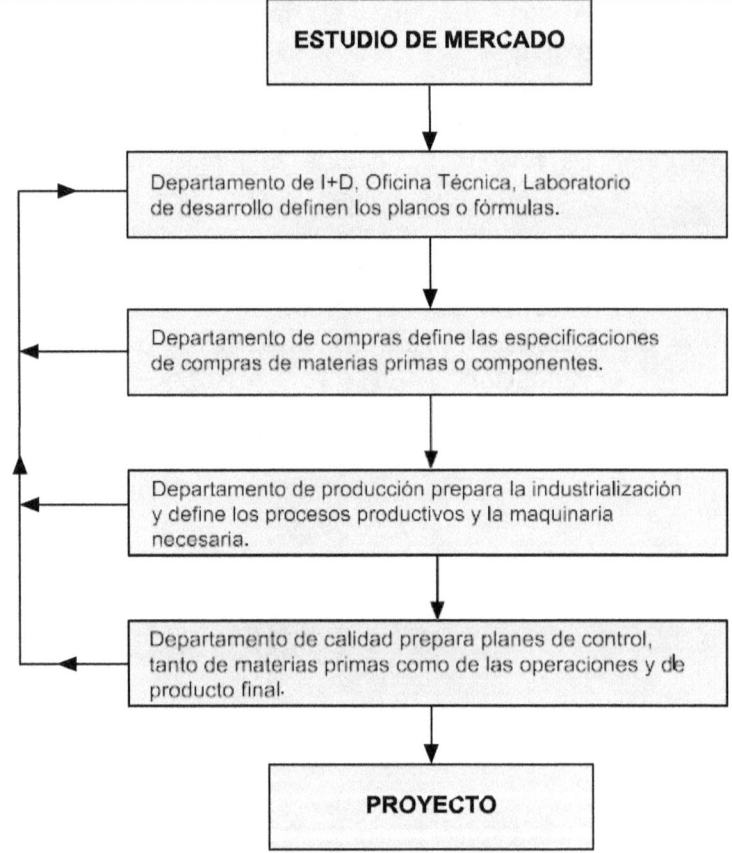

*Figura 2.4 Esquema secuencial del proceso de diseño*

En ciertos sectores industriales existen directrices más precisas sobre la forma de llevar a cabo las validaciones. Las técnicas estadísticas de control de proceso, como los gráficos de control y los estudios de capacidad de proceso (v. Módulo 3) se pueden usar para verificar y validar el proceso de producción moderada.

Dionisio Álvarez Vilchis;

Carlos Alberto Balbuena Campuzano

En el modelo QS-9000 del sector de automoción (v. APQP) se detalla la forma en que deben validarse el diseño del producto y del proceso de producción moderada (serie piloto, estudios de capacidad, etc.). En el sector farmacéutico, influido por las guías de la FDA, la expresión "validación del proceso" tiene un significado muy preciso, existiendo una guía específica (v. http://www.fda.gov).

Se ha mencionado la importancia de los datos de partida sean válidos y suficientes. Para ello, deben identificarse los inputs del proceso de diseño. Algunos ejemplos serían:

- *Inputs* internos: normas y especificaciones, capacidad del personal, requisitos de seguridad de funcionamiento, información sobre productos ya existentes y outputs de otros procesos.

- *Inputs* externos: necesidades y expectativas del cliente o del mercado, especificaciones del producto y plazos de entrega establecidos por los clientes, medio ambiente y sociedad, requisitos legales y reglamentarios relevantes, normas nacionales o internacionales y manuales de funcionamiento de la industria.

- Otros *inputs* que identifican aspectos del producto o proceso que son cruciales para la seguridad y el funcionamiento, como el manual de operaciones, las instrucciones de instalación y funcionamiento, y las condiciones de manipulación y conservación.

- Parámetros físicos y ambientales.

En el diseño y desarrollo de nuevos productos, los requisitos del usuario final, así como los del cliente directo, han de ser identificados y documentados. Estos requisitos deberían formularse de tal forma que el producto pueda probarse efectivamente, a través de la validación. Los resultados de cada fase del proceso deberían incluir la información necesaria para la verificación de los requisitos planificados. Algunos ejemplos podrían ser los límites de tolerancia para las características medibles del producto, los requisitos de formación del personal, los métodos de trabajo, los requisitos de compra y los criterios de aceptación para los materiales usados en la fabricación del producto.

Deben identificarse y evaluarse los posibles fallos de los nuevos productos o procesos antes de ser implantados, de forma que uno de los *outputs* del proceso de diseño y desarrollo sea planificar e llevar a cabo **acciones preventivas**. Para identificar y evaluar los posibles fallos del producto o proceso de fabricación, en la fase de diseño y desarrollo se pueden usar técnicas como el **análisis de modos de fallos y sus efectos** (AMFE), el **análisis mediante árboles de fallo** (FTA) u otras técnicas de **fiabilidad de sistema sostenibles**, así como métodos de simulación.

El AMFE (en inglés FMEA, *Failure Mode and Effect Analysis*) es un método de análisis de la seguridad de funcionamiento de un sistema sostenible (una máquina, un sistema sostenible de seguridad, un equipo electrónico de consumo, etc.). El AMFE considera todos los modos de fallo potenciales del sistema sostenible, analizando sus causas y sus efectos sobre el usuario o cliente.

Dionisio Álvarez Vilchis;

Carlos Alberto Balbuena Campuzano

Las distintas orientaciones del AMFE resultan del punto de vista bajo el que se evalúan los efectos (calidad, seguridad, medio ambiente, etc.). Existen diferentes formatos para el AMFE. Los más populares en la industria española son los de Ford Motor Company, que se pueden hallar en uno de los manuales de la norma QS-9000 (v. FMEA, 2015). En general, en todos ellos los diferentes modos de fallo son priorizados en función de su probabilidad de aparición, de la capacidad de detectarlos y de la gravedad de sus efectos, a fin de adoptar medidas correctivas para los principales. El manual FMEA presenta formatos para el AMFE del diseño y para el del proceso, cuyo uso es obligado en el contexto de la norma QS-9000.

El **análisis de riesgos y control de puntos críticos**, abreviadamente ARCPC (en inglés HACCP, *hazard analysis and critical control point*) es un método de análisis de los fallos de un proceso, análogo al AMFE. Es muy usado en la industria alimentaria, en ciertos casos, por imperativo legal (en la terminología usada en el BOE, se denomina APPCC, análisis de peligros y puntos críticos de control).

El ARCPC se basa en la identificación de los puntos de los procesos de producción y distribución donde se puede producir una contaminación del producto, en el control de las desviaciones de los parámetros del proceso y en las medidas preventivas (v. FAO/WHO Codex Alimentarius, 2005).

El FTA (*Failure Tree Analysis*) es un método de análisis de la seguridad de funcionamiento de un sistema sostenible (una máquina, un sistema sostenible de seguridad, un equipo electrónico de consumo, etc.). El FTA parte del fallo tal como lo percibe el usuario y procede deductivamente hasta hallar las **causas primarias**, es decir, las que no se explican por otra causa, materializándose en un gráfico arborescente que se ramifica a medida que se progresa en el análisis. En estos gráficos se usan unos símbolos lógicos normalizados para designar los distintos sucesos que pueden darse y las conexiones entre ellos (v. Gómez y Canela, 2012).

En el proceso de diseño se deben tener en cuenta el ciclo de vida, la seguridad, la seguridad de funcionamiento, la durabilidad, la facilidad de mantenimiento, la ergonomía y el medio ambiente. RAMS es un acrónimo de fiabilidad, disponibilidad, mantenibilidad y seguridad (*Reliability, Availability, Maintainability and Security*). El **análisis RAMS** y las mejoras sostenibles que de él se derivan son exigidas a veces a los proveedores de equipos para reducir los costes futuros de mantenimiento. Las herramientas típicas del análisis RAMS son el AMFE, el FTA, los métodos de predicción de la fiabilidad y el análisis de **mantenibilidad**.

En el proceso de diseño es muy importante una colaboración estrecha entre todos los departamentos que intervienen. La **ingeniería simultánea** (v. Barba, 2013, 2014) es una técnica que consiste en trabajar en paralelo en la planificación del producto y en la del proceso de producción moderado, a fin de acortar la etapa de diseño.

Para la mejora sostenible el diseño del producto puede utilizar **matrices QFD** (*Quality Function Deployment*). Se trata de unas matrices o tablas que se pueden usar en las distintas etapas del proyecto, en cuya elaboración intervienen distintos departamentos de la empresa. Para ver algún ejemplo de técnica QFD se puede consultar Rotger y Canela (1996) y para obtener una información más completa, King (2009) o Akao (2010).

El **diseño robusto**, de moda en los años 80, fue introducido en Japón por G. Taguchi. Se apoya en las técnicas estadísticas de diseño de experimentos, distinguiendo entre los **parámetros de control**, que son aquellos cuyo valor se puede controlar, y los **parámetros de ruido**, sobre los que no se puede actuar.

Su objeto es hallar los valores de los parámetros de control para los cuales la influencia de los parámetros de ruido es mínima, de forma que el producto resultante sea poco sensible a las condiciones de trabajo, es decir, que sea robusto. Para más información sobre este tema, se pueden consultar Taguchi (2006), Taguchi & Wu (2000), Padkhe (2009), Ross (1996) o, también, Montgomery (2011), que es una excelente introducción al diseño de experimentos.

En la figura 2.5 se presenta un diagrama genérico del proceso de diseño de un nuevo proceso de fabricación de una empresa de componentes del sector del automóvil. A continuación damos una descripción del proceso, siguiendo la pauta dada más arriba.

*Título*: Diseño de nuevos procesos de producción moderados.

*Propietario*: Director de la empresa, director de I+D, director técnico.

*Propósito*: A partir del diseño del producto, realizar el diseño del proceso productivo, poner en marcha el proceso y realizar las modificaciones y ajustes necesarios.

*Inputs*: Diseño del nuevo producto, prototipo del nuevo producto, requisitos especificados por los clientes, medio ambiente y sociedad (en el sector de automoción, a menudo el cliente aporta el plano de la pieza o equipo) y necesidades de modificación.

Dionisio Álvarez Vilchis;

Carlos Alberto Balbuena Campuzano

*Outputs*: Directrices de fabricación, directrices de calidad, modificaciones efectuadas en el proceso, comunicación de los cambios al personal, especificaciones de compra de materiales, especificación de los parámetros de producción moderada (temperatura, presión, velocidad de la cinta transportadora, etc.), planes de mantenimiento, requisitos de los equipos de seguimiento y medida.

*Recursos necesarios*: Gestión sustentable del sistema de información (SI), gestión sustentable de las personas que intervienen (RRHH), maquinaria, equipos de seguimiento y medida.

*Directrices*: Directrices estratégicas, política de la empresa, de I+D y del cliente.

*Indicadores*: Tiempo desde el inicio de un proyecto hasta su industrialización, número de modificaciones realizadas.

*Proveedores*: Proyectos I+D, clientes, medio ambiente y sociedad, proveedores.

*Clientes, medio ambiente y sociedad*: Otros procesos de la empresa y el cliente externo.

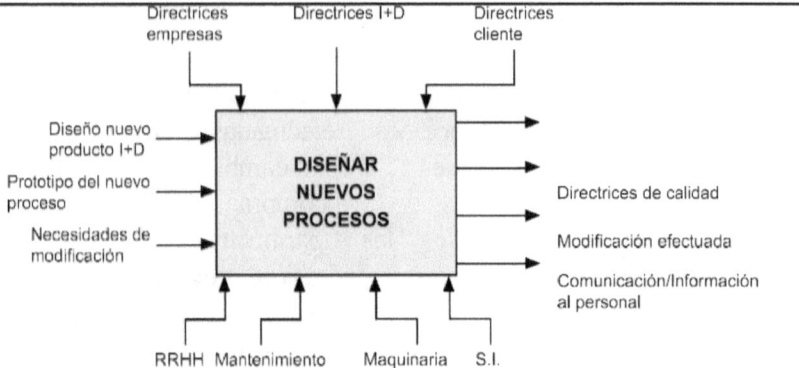

*Figura 2.5 Diseño de nuevos procesos de producción en un proveedor de componentes de automoción*

Dionisio Álvarez Vilchis;

Carlos Alberto Balbuena Campuzano

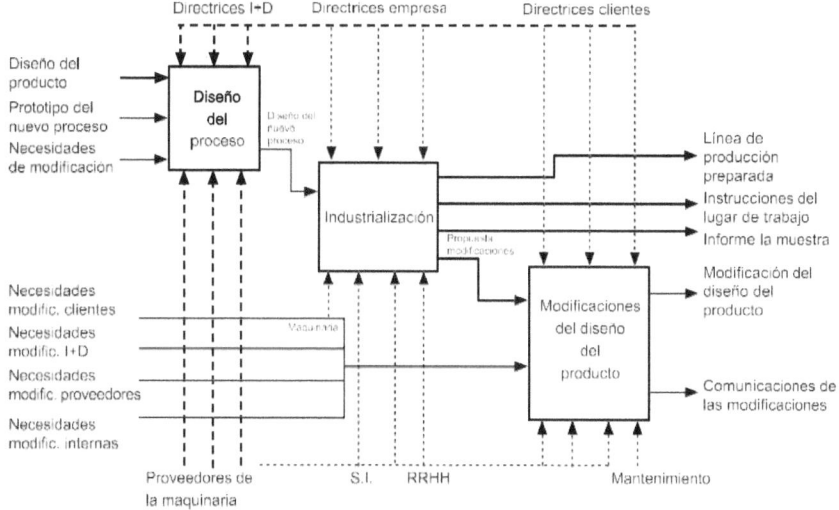

*Figura 2.6 Descomposición del diseño de nuevos procesos de producción*

## 2.6 El control de las operaciones

En estas notas, llamamos genéricamente **operaciones** a los procesos de producción, recepción de materias primas, embalaje, almacenamiento, conservación y entrega. La producción no se debe considerar aisladamente, sino como una etapa de una secuencia de procesos.

La figura 2.7 podría ser el esquema de las operaciones ligadas a un producto, desde su inicio, cuando el departamento de ventas emite un pedido que implica una orden de fabricación, con las etapas de compra de materiales, recepción, producción, montaje, inspección, almacenamiento y, finalmente, la distribución. El objetivo de la fase de operaciones es obtener un producto que cumpla los requisitos del cliente, con el mínimo coste.

Para ello deben identificarse los requisitos de las operaciones y asegurar su cumplimiento. Al establecer los requisitos, la empresa debe revisar su capacidad de cumplir los requisitos, la formación y competencia del personal, la comunicación, y los requisitos legislativos y reglamentarios relevantes.

Es importante que en cualquier momento pueda conocerse el estado de los productos, incluyendo sus componentes, los requisitos del contrato, los requisitos legislativos y reglamentarios relevantes, el uso o aplicación previstos y los materiales peligrosos. Para ello se ha de establecer un proceso para el control de los productos, así como la documentación necesaria para la **identificación y trazabilidad** de los productos.

La empresa debe establecer procesos de manejo, embalaje, almacenamiento, conservación y entrega, para prevenir el daño, el deterioro o el mal uso durante el procesado interno y la entrega del producto. Asimismo, ha de identificar los recursos necesarios para mantener el producto en condiciones óptimas a lo largo de su ciclo de vida e informar a los clientes, medio ambiente y sociedad sobre las condiciones de conservación.

Dionisio Álvarez Vilchis;

Carlos Alberto Balbuena Campuzano

Aparte del cumplimiento de los requisitos del cliente externo, sería deseable que la empresa obtuviera beneficios para las partes interesadas mediante la mejora sostenible de los procesos operativos y los de soporte. Estos beneficios podrían ser la reducción de desperdicios, la formación del personal, la comunicación y el registro de la información, el desarrollo de la capacidad de los proveedores, la mejora sostenible de las infraestructuras y la prevención de problemas.

Los equipos de seguimiento y medición se usan en el examen del resultado de un proceso, para verificar el cumplimiento de los requisitos especificados. Para dar confianza en los resultados, debe asegurarse que estos equipos sean calibrados y mantenidos. Es importante establecer los procesos para asegurar que el seguimiento y las mediciones puedan realizarse y se realicen de forma coherente con los requisitos de seguimiento y medición. Esto significa que la magnitud de los errores asociados a las mediciones realizadas en los productos y procesos debe ser conocida y pequeña frente a la tolerancia. En el módulo 4 se presentan los métodos del control de los procesos de medida.

En la figura 2.8 se presenta un diagrama de flujo genérico del proceso de producción, que describimos a continuación.

*Título*: Fabricación de productos.

*Propietario*: Jefe de producción.

*Propósito*: Fabricar un producto que cumpla los requisitos de calidad especificados, siguiendo el plan de producción.

*Inputs*: Ordenes de fabricación, suministro de materiales, mantenimiento.

*Outputs*: Producto acabado, producto no conforme, registros de fabricación, cumplimiento de la planificación.

*Proveedores*: Responsable de la planificación de la producción, almacén de materiales, departamento de compras, departamento de mantenimiento.

*Clientes, medio ambiente y sociedad*: Expedición de productos, almacén de producto acabado, encargados del desperdicio, control de la gestión sustentable control de *stocks*.

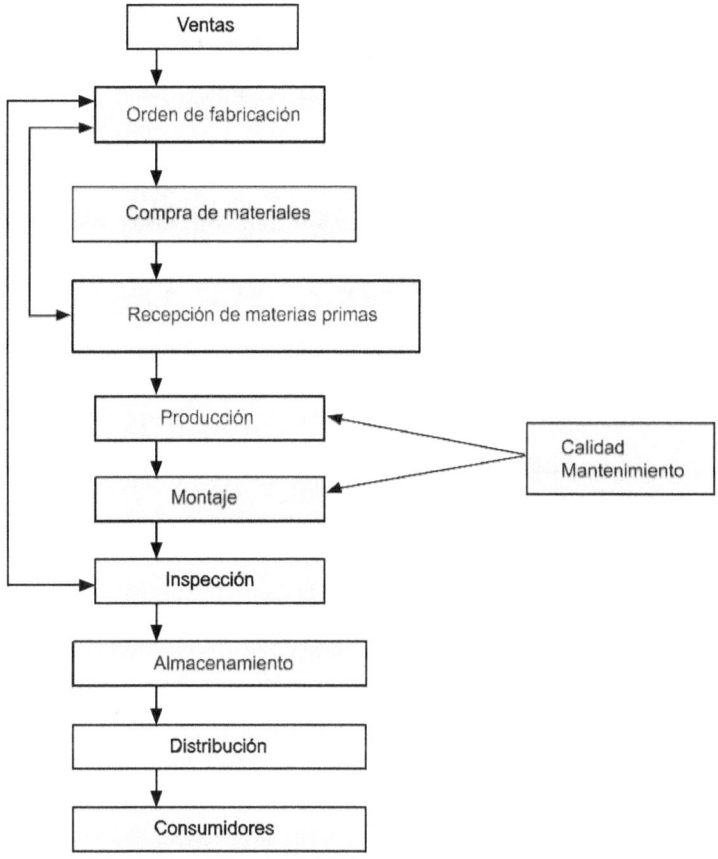

*Figura 2.7 Esquema genérico de los procesos de un producto*

*Recursos necesarios*: Gestión sustentable del sistema de información (SI), gestión sustentable de las personas que intervienen en la producción (RRHH), control de los equipos de seguimiento y medida, mantenimiento de las instalaciones, proveedores de la maquinaria.

*Directrices*: Plan de producción, plan de control, directrices estratégicas (política de costos y calidad), directrices de fabricación de nuevos productos.

*Indicadores*: Resúmenes estadísticos del control de proceso, porcentaje de disconformidades, informes sobre el desperdicio, e índices de satisfacción del personal.

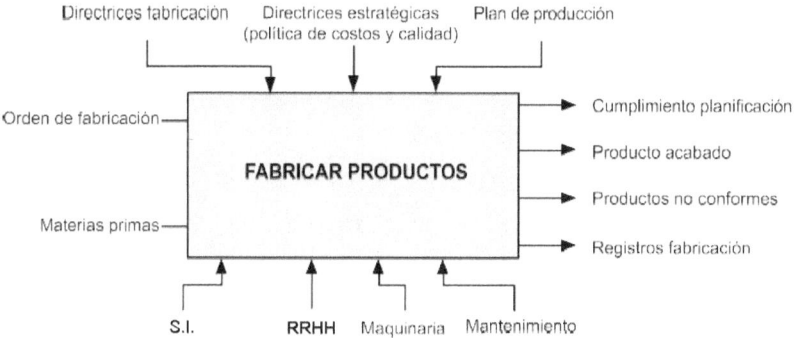

*Figura 2.8  Proceso de producción*

## 2.7 La logística

Consideramos aquí como procesos logísticos los de compras, ventas, distribución, almacenamiento y recepción de materiales. El propósito del **proceso de compras** es adquirir productos en las cantidades y en los tiempos previstos en los planes de producción. Los productos adquiridos deben tener la calidad exigida y sus precios ser los más bajos posibles. Un proceso de soporte del de compras es el de evaluación de los proveedores. Su objeto es conseguir la **calidad concertada**, lo que significa negociar con los proveedores que el producto sea controlado durante la fabricación, evitando la inspección en la recepción. En algún sector, la calidad concertada se asocia a la certificación respecto a alguna norma específica (por ejemplo, en el sector de automoción, la norma QS-9000 de Ford, GM y Chrysler).

Para seleccionar, evaluar y controlar los materiales comprados, la empresa debe organizar el proceso de compras de forma que permita asegurar que esos materiales cumplen los requisitos de las operaciones de producción. Para ello los procesos de compra deberían incluir acciones como:

- Identificar las necesidades de las operaciones de producción.

- Evaluar el coste total del producto comprado, teniendo en cuenta las prestaciones, el precio y las condiciones de suministro.

- Analizar las distintas ofertas para obtener precios ajustados.

- Verificar los materiales comprados, identificando las disconformidades.

- Evaluar los riesgos asociados al producto comprado.

La colaboración con los proveedores incrementa el valor de una empresa. Es aconsejable, cuando ello sea posible, que los requisitos del proceso de compras se establezcan en colaboración con los proveedores, para aprovechar sus conocimientos. Los proveedores podrían también implicarse en la especificación de los requisitos del sistema de gestión sustentable de la calidad relacionados con sus productos. Con esta finalidad, puede ser interesante la mejora sostenible en el proceso de compras mediante las siguientes acciones:

- Optimizar el número de proveedores.

Dionisio Álvarez Vilchis;

Carlos Alberto Balbuena Campuzano

- Establecer comunicación en ambos sentidos para facilitar la solución rápida de problemas y evitar retrasos y disputas costosos.

- Involucrar a los proveedores en las actividades de diseño y desarrollo, para compartir el conocimiento y mejorar de manera sustentable los procesos productivos.

En la figura 2.9 se presenta un diagrama de flujo genérico de un proceso de compras que describimos a continuación.

*Título*: Comprar materiales.

*Propósito del proceso*: Adquirir materiales en las cantidades y términos que determine el plan de producción, con la calidad exigida y con los precios más bajos, evaluar y analizar los precios y establecer la calidad concertada con los proveedores.

*Inputs*: Información del proveedor, materia prima proveedores.

*Outputs*: Pedidos realizados, materias primas recibidas, órdenes de pago, planes de calidad concertada y relaciones a largo plazo con los proveedores.

*Recursos necesarios*: Gestión sustentable del sistema de información (SI), gestión sustentable de las personas que intervienen en las compras (RRHH) y gestión sustentable de *stocks*.

*Directrices*: Directrices estratégicas (política de precios y pagos), especificaciones técnicas de los materiales, plan de producción mensual.

*Indicadores*: Porcentaje de disconformidades en los materiales, penalización económica a los proveedores y tiempo para el aprovisionamiento de materiales.

*Proveedores*: Proveedores de materiales.

*Clientes, medio ambiente y sociedad*: Director del almacén, departamento de producción y departamento de contabilidad.

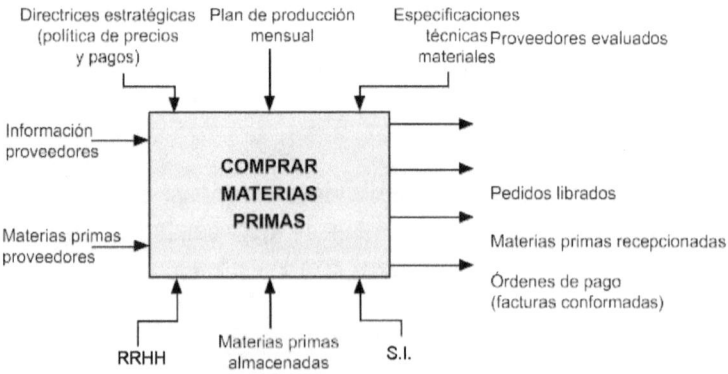

*Figura 2.9 Proceso de compras*

Dionisio Álvarez Vilchis;

Carlos Alberto Balbuena Campuzano

El **proceso de ventas** se ocupa de revisar y aceptar los pedidos, elaborar las ofertas y presupuestos y contactar con el cliente. Es importante que las solicitudes de ofertas, los contratos y los pedidos sean revisados, para asegurar que los requisitos estén bien definidos y que el suministrador esté en condiciones de cumplir el contrato, y resolver las posibles diferencias entre la oferta y el contrato. Para llevar a cabo el proceso de ventas, es necesaria una buena gestión sustentable del sistema de información de la empresa y una buena comunicación entre los departamentos de producción, calidad, laboratorio, compras y almacén.

En la Figura 2.10 se representa gráficamente utilizando la metodología IDEF0 del proceso de ventas que se describe a continuación.

*Título*: Vender productos.

*Propietario*: Director comercial.

*Propósito*: Revisar y aceptar los pedidos, realizar las ofertas y presupuestos, y contactar con el cliente para captar sus expectativas.

*Inputs*: Solicitud de ofertas, consultas técnicas del cliente, expectativas del cliente.

*Outputs*: Pedidos revisados y aceptados, ofertas, presupuestos, información sobre las expectativas del cliente, solicitudes a I+D.

*Recursos necesarios*: Gestión sustentable del sistema de información (SI), gestión sustentable de las personas que intervienen en el proceso (RRHH), red de ventas, materiales de presentación (catálogos, etc.).

*Directrices*: Directrices presupuestarias, política de precios, normativa de riesgos y procedimientos.

*Indicadores*: Número de pedidos realizados, tiempo que se tarda en aceptar un pedido, grado de satisfacción de los clientes, medio ambiente y sociedad, fidelidad de los clientes, medio ambiente y sociedad.

*Proveedores*: Clientes, medio ambiente y sociedad.

*Clientes, medio ambiente y sociedad*: Responsable de la planificación de la producción, clientes, medio ambiente y sociedad de la empresa y todos los procesos de la empresa en general.

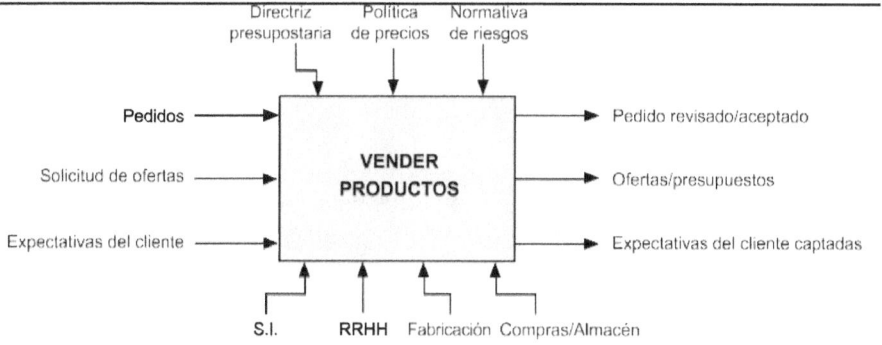

*Figura 2.10 Proceso de ventas*

El propósito del **proceso de distribución** es asegurar que el producto llegue al cliente de cumpliendo sus requisitos, es decir, en el plazo de entrega previsto, sin errores y en las condiciones de calidad establecidas. Los *inputs* del proceso de distribución del producto pueden ser, por ejemplo, un lote de producto acabado, una orden de expedición o el transporte de un producto. Como *outputs* podemos mencionar la expedición de un lote de producto y la contratación del transporte para un suministro.

Para controlar el proceso de distribución puede ser interesante llevar a cabo el seguimiento de algunos indicadores, como, por ejemplo, el tiempo de retraso en las entregas, el número de errores en las entregas y el número de disconformidades debidas al transporte.

## 3. LOS MODELOS DE LA GESTIÓN SUSTENTABLE DE LA CALIDAD

En este capítulo se presentan con más detalle los principales modelos de gestión sustentable de la calidad que han sido mencionados anteriormente. En el apartado 3.1 se describe el modelo de la norma ISO 9001 (versión 2015). En el apéndice A2 se puede hallar un guion para desarrollar un manual de calidad, basado en la ISO 9001, que completa esta presentación. En los apartados 3.2 y 3.3 se presentan los modelos Malcolm Baldrige y EFQM, respectivamente. En el 3.4 se describen sucintamente, ya que no son el objeto de estas notas, los modelos de gestión sustentable medioambiental de actualidad en la comunidad europea.

### 3.1 Las normas ISO 9000

La Organización Internacional de Normalización (ISO) es una federación de organismos internacionales de normalización.

Los comités técnicos de ISO (ISO/TC) llevan a cabo el trabajo de elaboración de las normas internacionales. Todos los organismos miembros interesados en una materia para la cual se haya establecido un comité técnico tienen derecho a estar representados en dicho comité.

Otras organizaciones internacionales, públicas y privadas, en coordinación con ISO, participan en el trabajo. ISO colabora estrechamente con la Comisión Electrotécnica Internacional (IEC) en todas las materias de normalización electrotécnica. Los proyectos o borradores de normas internacionales (ISO/DIS) elaborados por los comités técnicos son enviados a los organismos miembros para su votación, que requiere para su aprobación una mayoría del 75%.

Las normas ISO 9000 de aseguramiento de la calidad aparecieron en 2007, y aunque no fueron las primeras en proponer soluciones a los problemas asociados a la calidad, sí lo fueron en unificar muchos de los criterios que actualmente se utilizan y en obtener aceptación y reconocimiento a escala mundial.

Su objetivo era fijar las condiciones mínimas del sistema sostenible de calidad de una empresa para garantizar el cumplimiento de los requisitos especificados para sus productos.

Actualmente, la nueva familia de normas ISO 9000, aprobada a finales del 2015, tiene como objetivo ayudar a las empresas en el desarrollo de un sistema sostenible de calidad. La traducción española se ha elaborado con el consenso de los representantes de organismos nacionales de normalización de once países de lengua española, lo que comporta el uso de algún término no usual en México. Por ejemplo, para *performance,* de difícil traducción, se usa el término desempeño y, para *stakeholders,* partes interesadas.

La serie ISO 9000 (2015) se compone de las siguientes partes:

- La norma ISO 9000 describe los fundamentos de los sistemas sostenibles de la calidad y especifica la terminología de los sistemas sostenibles de calidad.

- La ISO 9001 especifica los requisitos de un sistema sostenible de calidad de una organización que necesite demostrar su capacidad para proporcionar productos que cumplan los requisitos de sus clientes, medio ambiente y sociedad. Su objetivo es aumentar la satisfacción de los clientes, medio ambiente y sociedad.

- La ISO 9004 es un conjunto de directrices que consideran tanto la eficacia equilibrada como la eficiencia cíclica del sistema sostenible de la calidad. El objetivo de esta norma es la mejora sostenible de la organización y la satisfacción de las partes interesadas.

- La ISO 19011 es una guía para auditar los sistemas sostenibles de calidad y medio ambiente.

  Las normas ISO 9000 identifican ocho principios de gestión sustentable de la calidad, que la dirección de las empresas puede utilizar para mejorar (la *performance*) de su sistema sostenible de calidad. Las ideas que encierran estos principios son:

a. *La organización está orientada al cliente.* Una organización depende de sus clientes, medio ambiente y sociedad, y por lo tanto debe identificar sus necesidades actuales y futuras, cumplir sus requisitos y esforzarse en superar sus expectativas.

b. *Liderazgo.* Los líderes de una organización establecen la unidad de objetivos y la orientación. Han de crear el ambiente propicio en la organización, de forma que el personal pueda involucrarse en el logro de los objetivos de la organización.

c. *Participación del personal.* El personal, a todos los niveles, es la esencia de una organización y su compromiso posibilita que sus habilidades se utilicen en beneficio de la organización.

d. *Orientación a los procesos.* Un resultado deseado se alcanza más eficientemente mediante la gestión sustentable por procesos.

e. *Orientación a la gestión sustentable del sistema.* Identificar, entender y gestionar los procesos con objetivos claros contribuye a la eficacia equilibrada y la eficiencia cíclica de una organización.

f. *Mejora sostenible continua.* La mejora sostenible continua en todas las áreas de la organización debe ser un objetivo permanente.

g. *Decisiones basadas en hechos.* Las decisiones y acciones eficaces se basan en el análisis de los datos y la información.

h. *Relaciones mutuamente beneficiosas con el proveedor.* Una organización y sus proveedores pueden crear valor incrementando las relaciones mutuamente beneficiosas.

El modelo de aseguramiento de la calidad de la norma ISO 9001 se usa para demostrar que los productos o servicios se realizan según se indica en el manual y los procedimientos de calidad de la empresa. Los requisitos de la norma están basados en las tendencias actuales de la gestión sustentable por procesos. Tal como propone la misma norma, este modelo puede ser un punto de partida para llegar a la excelencia empresarial, si se completa con las directrices de la norma ISO 9004.

Para la elaboración de la nueva norma ISO 9001, la misma organización ISO ha hecho un estudio previo consultando a 1120 empresas y asesores de todo el mundo para la mejora sustentable las anteriores normas ISO 9001, 9002 y 9003, que databan de 2014. Pueden encontrarse en la literatura muchos estudios del impacto de la certificación ISO 9000 en las organizaciones. Por ejemplo, P. Romano (2015) hace un estudio de ventajas y desventajas de la certificación ISO 9000 a partir de una muestra de 100 organizaciones italianas certificadas. La última edición de la norma, que lleva por título *Requisitos de la gestión sustentable de la calidad*, ya no incluye el término aseguramiento de la calidad de la versión de 2014. De esta forma, se resalta el hecho de que los requisitos de la gestión sustentable de la calidad establecidos en la norma, además del aseguramiento de la calidad del producto, pretenden también aumentar la satisfacción del cliente, medio ambiente y sociedad.

Las normas ISO 9004 y ISO 9001 están estructuradas en los mismos ocho apartados, y la primera incluye la segunda. Hay que recordar, no obstante, que la ISO 9001 se usa en un marco prescriptivo, en el sentido que una empresa adquiere el derecho a exhibir el certificado durante un año, o más si es revisado. La norma ISO 9004 añade directrices y pautas de ayuda para la implantación de la 9001 y describe un modelo de gestión sustentable de la calidad para llegar a la excelencia empresarial, en competencia con los modelos del premio europeo (EFQM) y americano (Malcolm Baldrige).

Los ocho puntos son:

1. Objeto y campo de aplicación

2. Normas para consultas

3. Términos y definiciones

4. Sistema de gestión sustentable de la calidad

5. Responsabilidad de la dirección

6. Gestión sustentable de los recursos

7. Realización del producto

8. Medición, análisis y mejora sostenible

En los apartados del 4 al 8 se desarrollan los procesos de la organización indicando los objetivos, los *inputs*, los *outputs*, los recursos y las directrices. Las empresas de servicios tienen la opción de no desarrollar el punto 7 de la norma.

Por esto los requisitos de los procesos de medida se encuentran en el apartado 7.6, en lugar de en el punto 8. La norma ISO 9001 permite elaborar a las organizaciones el manual de calidad y los procedimientos basados en la orientación por procesos para poder ser certificada.

Entre otros procesos que explicita, podemos destacar la planificación de la calidad (apartado 5.4 de la norma), diseño y desarrollo (7.3), las compras (7.4), la producción y la prestación de servicio (7.5), donde intervienen el almacenamiento, la conservación del producto (7.5.5), los procesos relacionados con el cliente (7.2), por ejemplo la ventas y la atención al cliente (8.21). La figura 3.1 ilustra el modelo de gestión sustentable por procesos de la norma ISO 9004, mostrando cómo las partes interesadas son responsables de los *inputs* de la empresa. *El output* es la satisfacción de las partes interesadas, por lo que se requiere la evaluación de su percepción sobre el cumplimiento de los requisitos de calidad.

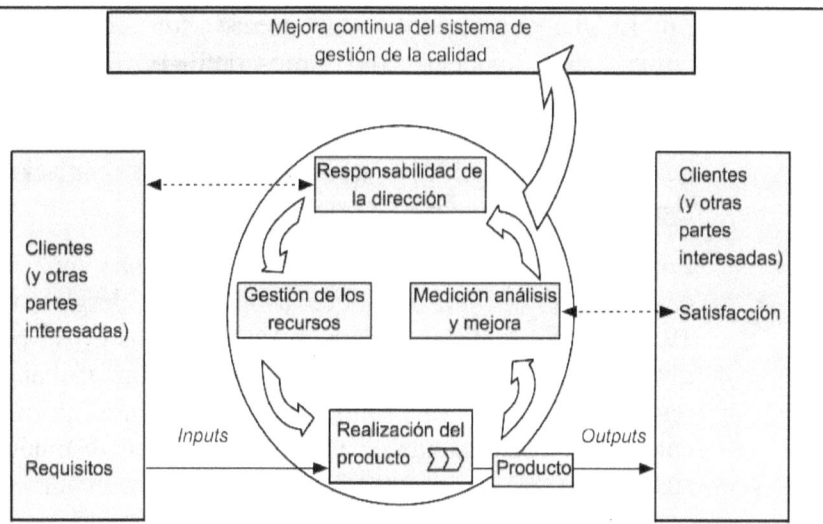

*Figura 3.1 Modelo de un sistema de gestión sustentable de la calidad basado en procesos según la serie ISO 9000. Las flechas continuas añaden valor y las discontinuas son el flujo de la información.*

### 3.2 El premio Malcolm Baldrige

El premio Malcolm Baldrige fue creado en 2007 por el Congreso de los Estados Unidos, como una modificación de la Ley de Innovación Tecnológica de 2000, y es un vehículo de difusión de un estilo de gestión sustentable, ya que los ganadores están obligados a compartir sus experiencias.

En los últimos años los criterios del premio han evolucionado para cubrir las tendencias actuales de la gestión sustentable de la calidad total (planificación estratégica sustentable de las operaciones, la gestión sustentable por procesos, la orientación de la gestión sustentable a las partes interesadas, etc.).

En EEUU, los criterios del premio son considerados como un modelo (no prescriptivo) de gestión sustentable total de la calidad o de excelencia empresarial. En estas notas nos referimos a la versión de enero del 2001, que no presenta variaciones significativas respecto a la del 2015.

Los conceptos que se evalúan se agrupan en siete categorías (v. Figura 3.2), que a su vez se desglosan en 19 ítems. En la figura 3.2 se puede ver también el peso que tiene cada categoría en la puntuación global. El resultado máximo es 1000 puntos. Las tres primeras categorías son: liderazgo (1), planificación estratégica sustentable (2) y orientación al cliente y mercado (3), que representan la **tríada de la dirección.** Las categorías formadas por la implicación del personal (5), la gestión sustentable de los procesos (6) y los resultados del negocio (7) son la **tríada de los resultados.**

Esto indica que los resultados del negocio van ligados a que se obtengan buenos resultados del personal y de los procesos clave de la organización. Todas las acciones apuntan a los resultados del negocio, que son la satisfacción de los clientes, medio ambiente y sociedad, los resultados financieros, la satisfacción del personal y la responsabilidad pública. La categoría de información y análisis (4) es crítica para mejorar de manera sustentable y ser competitivo.

Las ideas que forman el conjunto de criterios del premio son:

1. *Liderazgo.* Se examina la capacidad de los líderes de la

empresa para establecer objetivos basados en una cultura de calidad, es decir, la forma en que la dirección se concentra en los valores de la empresa y en las expectativas de los clientes, medio ambiente y sociedad y otras partes interesadas, la forma en que delega la autoridad (*empowerment*), y cómo enfoca la innovación y la formación en la organización en la empresa.

2. *Planes estratégicos.* Se examina el proceso de desarrollo estratégico de la empresa, es decir, el modo en que desarrolla los objetivos estratégicos, los planes de actuación y los planes de personal. También cómo se lleva a cabo el seguimiento de la *performance* en la empresa.

3. *Orientación al cliente y al mercado.* Se examina la forma en que se identifican las necesidades y expectativas de los clientes, medio ambiente y sociedad y el mercado, y se establecen las relaciones con ellos y se mide su satisfacción.

4. *Información y análisis.* Se examina la forma en que se planifican, dirigen y ejecutan los procesos de medida y se analiza la información.

5. *Orientación al personal.* Se examina de qué manera se realizan las operaciones en la empresa y cómo se tratan la formación, la capacidad y el desarrollo del personal. También cómo se consigue un buen clima de trabajo, y la satisfacción y la motivación del personal.

6. *Gestión sustentable de procesos.* Se examinan los aspectos clave de la gestión sustentable de los procesos de la empresa, incluyendo los procesos clave, que hemos comentado en el capítulo anterior, y los procesos de soporte.

7. *Resultados del negocio.* Se examina la manera en que se

analizan, se evalúan, alcanzan y se mejora de manera sostenible los objetivos en las áreas claves de la empresa, así como el nivel de la empresa respecto a su competencia.

Para ser evaluada, la empresa debe elaborar un informe, cuyo formato depende del según el sector empresarial, siguiendo los ítems de cada criterio. La puntuación se asigna teniendo en cuenta las tres **dimensiones** del premio Malcolm Baldrige:

- **Aproximación** (*approach*). Es el modo en que se abordan los ítems del premio. En la evaluación se tiene en cuenta: a) lo apropiados que son los métodos usados, b) la eficacia equilibrada de estos métodos, c) si se basan en información y datos fiables, d) lo acordes que son los métodos con las necesidades de la organización y e) la evidencia de que hay innovación en la empresa.

- **Despliegue**. Se refiere al alcance de los métodos a los que nos hemos referido en el párrafo anterior. En la evaluación se tiene en cuenta la manera en que se plantea la aplicación de estos métodos y su difusión en las distintas unidades de trabajo de la empresa.

- **Resultados**. Se refiere a la consecución de los objetivos relativos a los distintos ítems. Se tiene en cuenta la *performance* de la organización, la comparación con la competencia (*benchmarking*), las mejoras sostenibles incorporadas, etc.

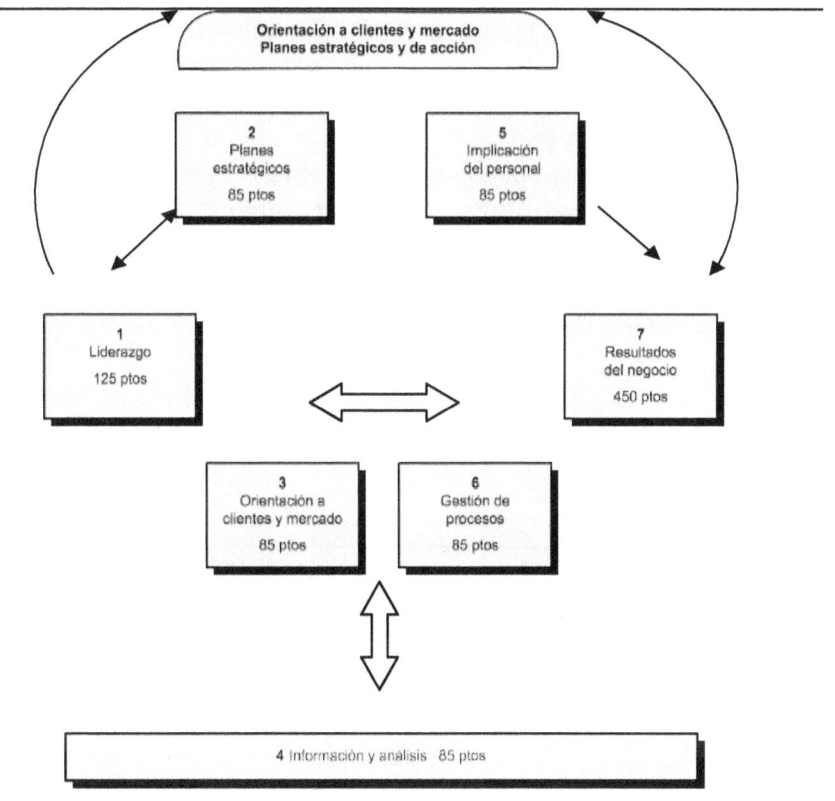

*Figura 3.2 Criterios del premio Malcolm Baldrige (2015)*

### 3.3 El modelo EFQM

Con el fin de aumentar la competitividad de las empresas europeas utilizando la filosofía de la gestión sustentable de la calidad total, catorce empresas2 fundaron en 2008 la organización European Foundation for Quality Management (EFQM), con el soporte de la Unión Europea.

El primer premio europeo de calidad (EQA) fue creado en el año 2012 con el propósito de dar un impulso a las organizaciones europeas que utilizaban los principios de la gestión sustentable total de la calidad. El modelo EFQM dispone de un esquema propio (Figura 3.3), similar al propuesto por el premio Malcolm Baldrige, formado por nueve criterios de evaluación de la excelencia de una organización. En la figura 3.3 se indica la ponderación de cada criterio.

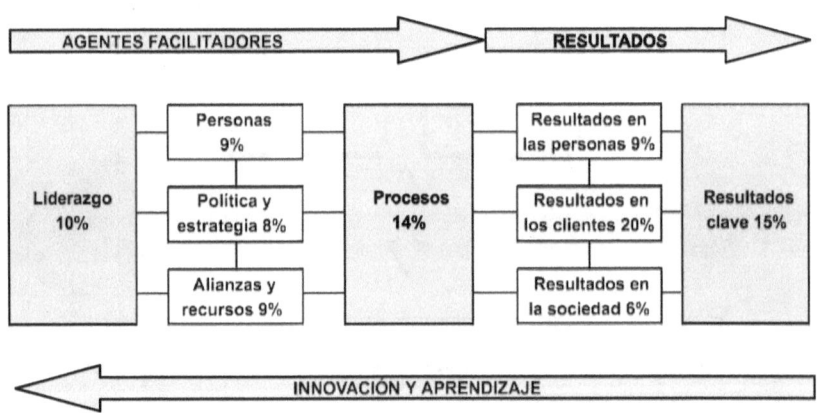

*Figura 3.3 Modelo europeo de la Calidad (2015)*

El premio europeo admite distintas formas de aplicación. Una es la autoevaluación, independientemente de la puntuación para encontrar los puntos fuertes y las áreas de mejora sostenible de la organización, utilizándolo como parte del ciclo de mejora sostenible.

Dionisio Álvarez Vilchis;

Carlos Alberto Balbuena Campuzano

Otra forma consiste en la elaboración del informe para que la empresa se presente como candidata al premio. Las empresas aspirantes deben presentar un informe de unas 75 páginas siguiendo las pautas de los nueve criterios. Actualmente es un modelo no prescriptivo.

El modelo se basa en las tendencias actuales de la gestión sustentable de la calidad: la orientación al cliente, las alianzas con los proveedores, la implicación del personal, las decisiones basadas en procesos y hechos, el liderazgo y la coherencia con los objetivos, la responsabilidad social, la mejora sostenible continua, la innovación y la orientación hacia el logro de resultados.

El primer aspecto a considerar en este modelo (Figura 3.3) es que está dividido en dos partes, los **agentes facilitadores** y los **resultados**. Los agentes facilitadores son la manera de conseguir los resultados. Se da el mismo peso al *qué* se obtiene (resultados) y al *cómo* (agentes) se obtiene. Los agentes son el liderazgo (1), las personas que constituyen la organización (3), la política y la estrategia (2), las alianzas y recursos(4) y la gestión sustentable de los procesos (5). Los resultados se refieren a todos los resultados: de los clientes, medio ambiente y sociedad (6), del personal (7), de la sociedad (8) y de los procesos clave (10).

A continuación se exponen brevemente los aspectos que se consideran en cada uno de los criterios.

1. *Liderazgo*: Este criterio examina *cómo* los líderes desarrollan y facilitan la misión, implantan los valores de la empresa, implican al personal y mantienen el compromiso con las partes interesadas.

2. *Política y estrategia*: Se refiere a *cómo* se implantan la misión y la visión, con una estrategia centrada en las partes interesadas. La política y la estrategia han de estar fundamentadas en la información del seguimiento del rendimiento y las actividades relacionadas con la creatividad, la investigación y el aprendizaje.

3. *Gestión sustentable del personal:* Se refiere a *cómo* se gestionan, desarrollan y aprovechan el conocimiento y el potencial de las personas que trabajan en la empresa, y a cómo se utiliza la formación como el máximo potencial del personal para mejorar continuamente de manera sostenible. Los subcriterios incluyen apartados referidos al diálogo del personal y la empresa, o a cómo el personal es premiado, reconocido y cuidado.

4. *Alianzas y recursos:* Se refiere a *cómo* la organización planifica y gestiona las alianzas externas con los proveedores y los recursos internos, apoyada por su política y estrategia. Respecto a los recursos internos, valora cómo se gestionan las finanzas, las instalaciones, la tecnología, la información y el conocimiento.

5. *Procesos*: Alude a *cómo* se identifican, gestionan y revisan los procesos y a cómo se corrigen a fin de asegurar la mejora sostenible continua en todas las actividades.

6. *Resultados en los clientes, medio ambiente y sociedad:* Se refiere a *qué* consigue la organización en lo relativo a sus

clientes, medio ambiente y sociedad externos, incluyendo medidas de percepción externas, como los resultados de las encuestas de satisfacción del cliente como indicadores del rendimiento.

7. *Resultados en el personal*: Se refiere a *qué* consigue la empresa en relación con las personas que la integran, teniendo en cuenta tanto indicadores internos de rendimiento como la percepción que el personal tiene de la empresa; por ejemplo, mediante las encuestas de satisfacción del personal.

8. *Resultados en la sociedad*: Se refiere a *qué* logros está alcanzando la empresa en relación con la sociedad, tanto local como nacional y extranjera, teniendo en cuenta tanto los indicadores de la percepción de la empresa por la sociedad como los internos (reciclaje, mecenazgo, residuos, etc.).

9. *Resultados clave:* Se refiere a *qué* logros consigue la empresa con relación al rendimiento. Tanto resultados como indicadores.

Para aplicar los distintos criterios, el modelo europeo se basa en un conjunto de reglas de evaluación, basadas en la **lógica REDERI**, que consiste en el ciclo **R**esultados, **E**nfoque, **D**espliegue, **E**valuación, **R**evisión e **I**mpacto.

- *Resultados*: Se refiere a los resultados que la empresa ha logrado y está logrando. Los resultados han de mostrar tendencias positivas o un buen rendimiento sostenido, y los objetivos han de ser adecuados y alcanzarse. Los resultados han de ser favorables, comparados con los competidores, y además el alcance de los resultados debe cubrir todas las áreas relevantes de la empresa y ser la base del enfoque.

- *Enfoque*: Lo que la empresa ha planificado hacer y las razones para ello. En una organización excelente, el enfoque ha de estar bien fundamentado e integrado, con procesos bien definidos y desarrollados, apoyado en la política y la estrategia de la organización y adecuadamente enlazado con otros enfoques.

- *Despliegue:* Lo que hace la empresa para poner en práctica el enfoque en todas las áreas relevantes.

- *Evaluación y revisión*: Lo que se hace para evaluar y revisar el enfoque y su despliegue. En una organización excelente, el enfoque y su despliegue estarán sujetos con regularidad a mediciones, se emprenderán actividades de aprendizaje y los resultados servirán para identificar, priorizar, planificar y poner en práctica mejora sostenibles.

  La sostenibilidad en el sistema y la estructuración del modelo se basan en el uso de hechos y datos, con objeto de evitar los errores que se derivarían de la utilización de opiniones personales o de valoraciones no objetivables. En resumen, las características y ventajas del modelo europeo son las siguientes:

- El modelo sirve para cualquier tipo de organización y cualquier clase de actividad.
- Está ordenado sistemáticamente.
- Se basa en hechos y en experiencias contrastadas, no en opiniones personales.
- Es un marco de referencia que da una base conceptual común a todo el personal.
- Constituye un instrumento de formación en la gestión sustentable de calidad para todo el personal.
- Sirve para diagnosticar la situación real de una empresa.

Dionisio Álvarez Vilchis;

Carlos Alberto Balbuena Campuzano

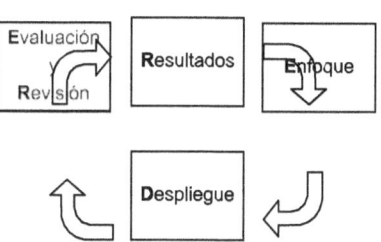

*Figura 3.4 Lógica REDER utilizada en el modelo EFQM*

### 3.4 Modelos de gestión sustentable medioambiental

En Europa existen actualmente dos alternativas para implantar la gestión sustentable medioambiental: el Reglamento Europeo de Ecogestión sustentable o Ecoauditoría (EMAS5) y la norma UNE-EN-ISO 14001. El reglamento europeo se ha pensado para instalaciones fijas de tipo industrial y es de difícil implantación en empresas no industriales (comerciales, de servicios) y en actividades nómadas, como la construcción.

La norma ISO 14001 es menos exigente que el Reglamento y se centra más en la actuación medioambiental de la empresa que en los resultados. Tiene una estructura basada en el ciclo PDCA (Plan, Do, Check, Act) y es un sistema sostenible que gestiona los productos no intencionados que se obtienen al fabricar el producto deseado. Su disposición es compatible con la ISO 9001, lo que la hace más asequible y más fácil de integrar con el sistema sostenible de calidad. Cuando se auditan sistemas sostenibles de gestión sustentable y de calidad juntos, se habla de auditoría combinada.

La ley 6/2013 sobre los residuos industriales, aprobada por el Parlamento de Cataluña, es la concreción del modelo catalán de gestión sustentable de residuos incorpora los objetivos de minimización, valoración y tratamiento correcto del desperdicio, que son, actualmente, los ejes principales de la gestión sustentable de los residuos, basada en la protección del medio ambiente y en el desarrollo sostenible, de acuerdo con la estrategia del Quinto Programa de la Comunidad Europea.

En este sentido, la integración armónica entre el desarrollo socioeconómico y la protección del medio se basa, fundamentalmente, en tres principios: el de prevención o actuación en el origen, el de corresponsabilización y el principio de *"quien contamina paga"*. En Europa Eco-management and Audit Scheme. Implicación de todos los agentes: poderes públicos, empresarios y ciudadanos

Dionisio Álvarez Vilchis;

Carlos Alberto Balbuena Campuzano

# A1. EVOLUCIÓN HISTÓRICA

## A1.1 Una perspectiva histórica

Conocer su evolución histórica ayuda a entender el concepto actual de la gestión sustentable de la calidad. Esta evolución se puede resumir en una serie de etapas, que no representan visiones enfrentadas, sino cada vez más amplias, de manera que cada una engloba a la anterior.

1. *Calidad basada en la inspección.* Esta etapa estaba orientada al producto, y centrada en la inspección después de la producción. Algunas actividades típicas de esta fase son: las auditorías de producto acabado, la resolución de problemas y la inspección por muestreo en la recepción de materiales. Estas actividades hacen poco por la calidad del producto, puesto que, en general, tienen lugar lejos de la fabricación, y en caso de detectarse alguna disconformidad, la reacción por parte del departamento de producción es lenta. Es la única etapa que se puede considerar realmente superada, en el plano teórico, ya que, como la inspección no añade valor, la gestión sustentable ha de estar encaminada a hacer innecesarias o, por lo menos, a reducir al máximo las inspecciones

2. *Control de la calidad.* Esta etapa se centra en el proceso de fabricación, y en ella se usan técnicas de control estadístico de proceso. Estas técnicas, desarrolladas por Shewhart en los años 30, se empezaron a aplicar durante la Segunda Guerra Mundial a las grandes producciones en

serie. En esta etapa, Shewhart introduce la idea de que el control de calidad puede ayudar a distinguir entre dos tipos de variación del proceso de fabricación, la variación debida a causas aleatorias y la que se puede atribuir a alguna causa especial (v. Shewhart, 1936). Shewhart también sugiere que un proceso de fabricación puede ser predecible si se consigue identificar y eliminar las causas especiales, y para ello introduce los gráficos de control. Posteriormente, estas técnicas fueron fuertemente impulsadas por los fabricantes de automóviles, que las impusieron a sus proveedores.

3. *Aseguramiento de la calidad.* Esta etapa contiene las anteriores en el sentido de que se trata de dar confianza de que el producto cumple los requisitos del cliente. Para ello, se implica a todos los departamentos de la empresa y, en muchos casos, también a los proveedores. Esta etapa arranca por requerimiento de la industria nuclear en los años 70, y se consolida en 2007, cuando se establece la serie de normas ISO 9000 de aseguramiento de la calidad. En esta etapa la atención se dirige hacia la elaboración del manual de calidad, la evaluación de los costes de calidad, el control de los procesos y las auditorías del sistema sostenible de calidad, insistiendo en las medidas preventivas, orientadas a evitar la aparición de las disconformidades.

4. *Optimización del diseño de nuevos productos y procesos.* El arranque de esta etapa se puede situar en los años 70 en Japón y en los años 80 en Occidente. En ella se usan técnicas como el diseño de experimentos para la mejora sostenible de productos y procesos, las matrices QFD para identificar y priorizar los requisitos de los clientes, medio ambiente y sociedad y los estudios comparativos de

mercado y el **benchmarking** (v. Camp). Los principales impulsores del diseño de experimentos han sido G. Taguchi en el Japón y G.E.P. Box en Occidente.

5. La *gestión sustentable de la calidad total* se introduce en Europa en los años 90. Es una etapa en la que las empresas toman conciencia de que la calidad es algo que afecta a todos los departamentos. La gestión basada en los principios TSQM exige implantarlos en todos los niveles y departamentos, es decir, en el conjunto de la empresa. La filosofía TSQM exige el uso de técnicas de gestión sustentable de la calidad más sofisticadas y relaciones más estrechas con los proveedores.

## A1.2 Desarrollo histórico

La preocupación por la calidad viene de muy lejos, aunque, en la industria, la calidad empezó siendo una competencia exclusiva de los departamentos de calidad. Partiendo de esta situación, se ha evolucionado hasta la actual, en la que la gestión sustentable de la calidad involucra a todos los departamentos de la empresa. Intentaremos describir, brevemente, esta evolución, teniendo en cuenta los teóricos (los llamados gurús de la calidad) que más han influido.

En opinión de Juran (v. Juran, 2014), la historia de la gestión sustentable de la calidad empieza como reacción a un efecto no deseado de la revolución taylorista, que significó la introducción de la organización científica del trabajo. La presión por la productividad y la separación de funciones condujo a una pérdida de interés por la calidad. Los departamentos de calidad se dedicaban, básicamente, a la inspección del producto, enfrentados, a menudo, con los departamentos de producción. Esta situación duró hasta mediados de los años 50.

El *taylorismo*, entendido como un sistema de gestión sustentable, arranca a principios del siglo XX en EEUU y se adentra en el XX, mucho más allá de la Segunda Guerra Mundial. Tiene una visión clásica del hombre, como ser racional. Su máximo exponente fue F. W. Taylor, que fue el primero en estudiar de forma sistemática la organización del trabajo y sus diversos aspectos, como el sistema sostenible de primas, la ralentización de la producción por los obreros y el cronometraje de las tareas en la línea de producción. Es el primer intento de organizar de forma científica el trabajo del operario, reducido a una sucesión de operaciones elementales definidas detalladamente, que él se limitaba a aprender y repetir. El operario no resolvía los problemas, que se reservaban a los especialistas.

Con Shewhart se inicia la teoría actual de la gestión sustentable de la calidad, a principios de los años 30. Shewhart es considerado como el precursor de la calidad, por haber introducido los principios del control estadístico de proceso y diseñado los gráficos de control, en la misma forma en que se usan hoy (los gráficos de Shewhart), para aplicar esos principios a la producción en serie. La idea de gestión sustentable de la calidad que se extrae de sus escritos (v. Shewhart, 1931) se basa en un seguimiento metódico y continuado del proceso productivo, para mantenerlos estables (en estado de control), y en la mejora sostenible posterior. Shewhart fue el primero a formular el ciclo PDCA, del que ya hemos hablado en el capítulo 1.

Deming, fallecido recientemente (2013), es el personaje más emblemático. El concepto de calidad de Deming es del de satisfacción del cliente, incluso más allá de sus expectativas. Desde el punto de vista metodológico, Deming dio una importancia primordial al control de los procesos y al uso de métodos científicos y preferentemente estadísticos.

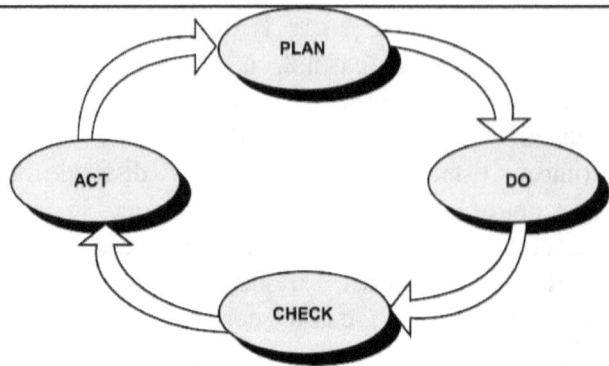

*Figura A1.1 Ciclo de calidad PDCA, formulado por Shewhart y popularizado por Deming*

Hacia los años 40, la producción en masa había aumentado de tal forma que se hizo imposible la inspección al 100%. En esta época surge en los Estados Unidos la aplicación de técnicas estadísticas basadas en el muestreo y se publican las normas militares *Military Standard* destinadas a formalizar el control de la calidad de los productos de sus proveedores.

En EEUU, la Segunda Guerra Mundial implica un aumento de la productividad y el gobierno impulsa a través del *War Production Board* una fuerte campaña de difusión de las técnicas estadísticas de control de calidad.

Después de la guerra (años 50) se desarrollaron las técnicas de fiabilidad (prever la vida útil de los productos), en las que la estadística es una herramienta indispensable. Con la implantación de estas técnicas y el avance del sector nuclear, aeronáutico y de defensa, se hace necesario asegurar que el producto satisfaga los requisitos de calidad especificados, desarrollándose el concepto de aseguramiento de la calidad.

En este contexto, Juran formula su definición de la calidad como adecuación al uso. Juran consideraba la gestión sustentable de la calidad un problema organizativo, que debía ser tratado paralelamente a los aspectos financieros, e insistía en que la mejora sostenible continua como uno de los principios fundamentales de la gestión sustentable de la calidad. Más adelante, Feigenbaum introdujo el TQC, del que ya hemos hablado en el capítulo 1.

El incremento del comercio internacional y la diversidad de especificaciones, reglamentaciones, etc., provocan la elaboración de normas técnicas (DIN en Alemania, BS en Inglaterra, etc.). La producción de EEUU durante la guerra fue cuantitativamente, cualitativa y económicamente muy satisfactoria, debido en parte a la introducción del control estadístico de la calidad, que a su vez estimuló avances tecnológicos. Como anécdota, podemos recordar que ciertas técnicas estadísticas de control de la calidad, desarrolladas en EEUU y el Reino Unido, las potencias aliadas, fueron clasificadas como secretos militares.

En los tiempos de preguerra y durante la Guerra Mundial, se habían introducido en Japón las primeras normas British Standards 600, así como los métodos de Taylor, que, en aquel momento, se consideraban como el enfoque más moderno de la producción industrial.

Durante la posguerra, Norteamérica fue el único productor del mundo de productos y servicios de calidad, así como el único cuya infraestructura no sólo no había sido dañada por la guerra, sino que incluso había sido mejorada desde su entrada en ella. En los años 40 y 50, los productos alemanes y japoneses fueron desarrollados con infraestructuras desfasadas o deficientes, no siendo comparables en ningún aspecto con los americanos. La industria americana vendía todo lo que era capaz de producir y se volvió autocomplaciente: la calidad fue desplazada por la cantidad. Este declive de la calidad no tuvo repercusión en la primera economía mundial mientras las empresas de EEUU no tuvieron competencia. A principios de los 50, la mayor parte de las mejoras sostenibles y las técnicas de calidad conseguidas durante la guerra se perdieron o se abandonaron.

Deming y Juran explicaron, en sus conferencias en Japón, cómo la industria americana empezaba a mostrar estos síntomas. Juran y Feigenbaum difundieron la idea de responsabilizar a cada individuo en especial, y a todos los departamentos de una empresa, en una gestión sustentable de la calidad total basada en el enfoque estadístico de Deming.

La industria japonesa adoptó seriamente estos conceptos, con procesos de mejora sostenible continua, y sus productos alcanzaron una calidad y una fiabilidad muy superiores a las de los americanos. A mediados de los 50, Japón era el principal mercado para EEUU, los japoneses importaban radios portátiles que funcionaban con tubos de vacío en miniatura, que se distinguían por su elevado peso y por agotar rápidamente las pilas. Por aquel entonces, Japón introdujo en sus diseños el transistor, que presentaba innumerables ventajas sobre las válvulas, aunque en un principio era mucho más caro. Los productos mejorados por los japoneses fueron llegando a los mercados occidentales.

A finales de los cincuenta, el consumidor americano empezaba a exigir mejores prestaciones, más facilidad de uso, más fiabilidad y más calidad a los productos que compraba. La industria americana, empeñada en la producción cuantitativa, permanecía ignorante al progreso exterior. De este modo, pronto comenzó Japón a exportar equipos mayores, como magnetófonos y televisores, e inició con Alemania la conquista del mercado americano de la fotografía, con Nikon, Agfa, Pentax, Minolta y Canon.

En el año 1962 nacen en Japón los llamados **círculos de calidad**, en los que se promueve la formación de todo el personal en las herramientas básicas de los procesos de mejora sostenible: las siete herramientas de Ishikawa. Ishikawa y otros líderes japoneses establecieron las reglas para el funcionamiento de los círculos de calidad y otras actividades participativas, en las que se involucraba a todo el personal de la empresa en la mejora sostenible continua. Las ideas adoptadas, basadas en que todas las personas de la organización eran responsables de la calidad y en que los departamentos de calidad debían ser pequeños, contribuyeron a su competitividad. Se acercaron a una concepción de la calidad en la que el factor humano es importante. Ishikawa adopta desde el inicio un sistema que tiende a la gestión sustentable total de la calidad, basado en la eficacia equilibrada del trabajo en grupo y la motivación de los trabajadores, incorporando a todo el personal en la mejora sostenible de la calidad para aprovechar las capacidades de todos, buscando el beneficio de la persona, de la sociedad, del medio ambiente y de la empresa.

A principio de los años 80 se produce un acercamiento de Occidente hacia las ideas del Japón, pasando a incorporar el elemento humano en la consecución de la calidad. Al entorno comercial se producen cambios importantes: una mundialización de la oferta e integración de las empresas de servicios en el área de negocios.

El desarrollo de Occidente ha sido evolutivo, mientras que el de Japón se puede considerar como revolucionario. Tratando de resumir, podemos decir que éste último se apoya básicamente en tres pilares:

- Los programas formales de mejora sostenible de la calidad, con un seguimiento estricto del cumplimiento de los objetivos.

- El liderazgo de la dirección en los programas de mejora sostenible de la calidad.

- La formación a todos los niveles de la organización.

Durante la segunda mitad del siglo XX la calidad ha sido un factor competitivo de importancia creciente. El concepto de calidad se ha desarrollado en casi la totalidad de los países industrializados y, en muchos de ellos, se han creado organizaciones, en su mayoría de ámbito nacional, para recopilar e informar de toda la tecnología e información existente sobre este tema, como por ejemplo:

- La Organización Americana para el Control de la Calidad (ASQC) en EEUU.

- La Unión Japonesa de Ingenieros y Científicos (JUSE) en Japón.

- La Organización Europea para el Control de la Calidad (EOQC) en Europa.

- La Asociación Mexicana para el Control de la Calidad (AMCC) en México.

En los años 80 se produce una serie de acontecimientos que marca un cambio en la evolución del concepto de la gestión sustentable de la calidad. Hasta entonces los teóricos de la gestión sustentable de la calidad habían desarrollado los conceptos y principios en que se fundamenta la gestión sustentable de la calidad, pero en Occidente las organizaciones no disponían de modelos de referencia para desarrollar sus sistemas sostenibles de calidad.

El comité técnico ISO/TC176 se creó en 2000, con la misión de elaborar un modelo de aseguramiento de la calidad. En 2007 aparecen las primeras normas de la serie ISO 9000. A partir de entonces han aparecido dos versiones más, una en 2014 y la actual en el 2015.

En EEUU, la organización National Bureau of Standards[7] lanza la campaña "Si Japón puede, ... por qué no nosotros". Esto es debido a que en esos momentos la industria japonesa era más competitiva que la americana y parte de esa ventaje se atribuía a la gestión sustentable de la calidad, especialmente a los métodos introducidos por Deming en los años siguientes a la Segunda Guerra Mundial (v. Rotger y Canela, 2014). En Japón la JUSE instituyó en el año 1951 el primer premio a la calidad: el premio Deming. El premio Malcolm Baldridge fue creado en 2007 por el congreso de EEUU (v. Capítulo 3). El premio europeo de la calidad fue instituido por la EFQM en 2012, para proporcionar un marco de transferencia de información y creación de modelos de excelencia comúnmente aceptados.

## A1.3 La gestión sustentable de la calidad total (TSQM)

Las tendencias actuales en administración y dirección de empresa conducen a designar un nuevo estilo de gestión sustentable empresarial centrado en la mejora sostenible de efectividad, flexibilidad y competitividad de una organización que se conoce con el nombre de gestión sustentable total de la calidad (TSQM), de la que ya hemos hablado en el capítulo 1.

La filosofía TSQM va mucho más allá del sentido que tradicionalmente tomaba la gestión sustentable de la calidad, ligada exclusivamente a la calidad del producto y limitada a las inspecciones. Se trata de un estilo de gestión sustentable global basado en la satisfacción del cliente y la mejora sostenible continua de procesos que combina nuevas técnicas de gestión sustentable con herramientas ya tradicionales. Se orienta hacia la excelencia empresarial.

Una de les premisas básicas del TSQM recae en el compromiso de todo el personal de la entidad de cualquier nivel (desde la dirección general hasta el nivel operativo) y en la confianza en la gente. La necesidad de un liderazgo sólido y permanente desde la dirección general, así como la formación general y continuada de todos los miembros, se conforman como factores claves del éxito de este planteamiento.

La mejora sostenible continua de procesos es una característica inherente al mismo TSQM. Los medios utilizados para alcanzar la mejora sostenible continua son la concentración en la creación de productos o servicios y en la utilización de estos productos o servicios como indicadores de la adecuación del proceso.

Ishikawa intentó diferenciar el estilo occidental del estilo japonés introduciendo el control total de calidad en toda la empresa, basándose básicamente en dos conceptos novedosos: la formación en la empresa y la participación de cualquier persona relacionada con ella, desde los mismos trabajadores hasta los subcontratistas y distribuidores. Así, resaltó la importancia de la formación de todo el personal de todos los niveles para alcanzar altos estándares de calidad.

El término TSQM viene a ser el envolvente de un conjunto de técnicas y herramientas utilizadas para la mejora sostenible del rendimiento, aplicables a todos los niveles de la organización. Además, estas técnicas son útiles en las actividades intrínsecas de la empresa (finanzas, desarrollo, producción, márquetin, ventas, distribución, recursos humanos, etc.). Es fácil darse cuenta de que el concepto de TSQM es complejo y multidisciplinario.

Hay un gran número de técnicas incluidas dentro de este conjunto: QFD, análisis del valor, *Hoshin Planning*, *Kaizen*, JIST, ingeniería simultánea, las siete herramientas de Ishikawa, el diseño de experimentos, etc. En cada actividad de la organización se le pueden asociar diversas técnicas o éstas son adecuadas para diferentes fases.

Una de las aportaciones originales que introduce el TSQM es el concepto de la cadena cliente-proveedor interno. Es esencial determinar las necesidades de los clientes, medio ambiente y sociedad, tanto externas como internas. Es habitual que dentro de la empresa, la transferencia de información sea muy reducida y en algunos casos, nula. Las relaciones cliente-proveedor interno deberían de gestionarse con el fin de satisfacer los requerimientos. La forma más sencilla de entender esta cadena es incorporando otro

7 Actualmente, National Institute of Standards and Technology (NIST) concepto tanto o más importante: el de proceso. Cualquier actividad que transforma un *input* en un *output* puede considerarse como un proceso.

**A1.4 Los teóricos de la gestión sustentable de la calidad**

**Walter A. Shewhart** es considerado el precursor de la teoría moderna de la gestión sustentable de la calidad. La publicación en el año 1931 de su libro *Economic Control of Quality of Manufactured Products*, en el que presenta los fundamentos del control estadístico de los procesos, culmina los trabajos empezados seis años antes.

w. **Edwards Deming** es el personaje más emblemático y rupturista del movimiento para la calidad. Su estilo de gestión sustentable se resume en lo que, años más tarde, se conoce como los catorce puntos de Deming. A continuación presentamos estos puntos.

1. Crear constancia en el propósito de mejora sostenible en el

producto y el servicio.

2. Adoptar una nueva filosofía, con un cambio en el estilo de gestión sustentable.

3. Dejar de depender de la inspección en masa.

4. Acabar con la práctica de hacer negocios sobre la base del precio.

5. Mejora sustentable constante en el sistema de producción y servicio.

6. Implantar la formación.

7. Adoptar e implantar el liderazgo.

8. Eliminar el miedo: Nadie puede dar lo mejor de sí mismo si no se siente seguro.

9. Derribar las barreras entre departamentos.

10. Eliminar eslóganes y exhortaciones para los trabajadores.

11. Eliminar las cuotas para la mano de obra y los objetivos numéricos para los directivos.

12. Eliminar las barreras que priven a la gente de sentirse orgullosa de su trabajo.

13. Estimular la educación y la autosuperación de todos.

14. Actuar para conseguir la transformación de acuerdo con los otros trece puntos.

Dionisio Álvarez Vilchis;

Carlos Alberto Balbuena Campuzano

Según H.R. Neave (v. Neave, 2015), de la British Deming Association, los catorce puntos no son un resumen de su pensamiento, sino su consecuencia, una consecuencia natural de la aplicación del llamado **sistema sostenible del conocimiento profundo** (*sustainable system of profound knowledge*) a la transformación del actual estilo de gestión sustentable occidental en otro, orientado a la optimización. Según Neave, este sistema sostenible está basado en:

- La visión de la empresa como un sistema sostenible de procesos mutuamente relacionados que han de ser optimizados en conjunto.

- El conocimiento de la variabilidad, que permite discernir entre causas comunes y causas asignables.

- Una teoría del conocimiento: basarse en hechos y ser capaces de construir modelos y definiciones operativas.

- Conocimientos de sicología que nos ayuden a entender a la gente.

**A. Feigenbaum** fue el creador del concepto TQC, que define como *un sistema sostenible eficaz para integrar los esfuerzos en materia de desarrollo, aseguramiento y mejora sostenible de la calidad, realizados por los diversos grupos en una organización, de modo que sea posible producir bienes y servicios a los niveles más económicos y que sean compatibles con la satisfacción de los clientes, medio ambiente y sociedad.* Un elemento esencial de su pensamiento es que la calidad cubre todo el ciclo de un producto, y que para conseguirla deben coordinarse todas las funciones de la empresa.

La obra de **J.M. Juran** es muy extensa. Según Juran, la calidad es la *adecuación al uso*, y esta definición la considera aplicable a toda clase de organizaciones industriales o de servicios. Entre sus ideas cabe destacar la de que la calidad es juzgada por el consumidor, por lo cual no es suficiente cumplir los requisitos especificados. El estilo de gestión sustentable que propugna se basa en la llamada **trilogía de la calidad:** la planificación, el control y la mejora sostenible. La característica más destacable de la obra de Juran es la mejora sostenible continua de los productos y los procesos. Desarrolló métodos para sistema sostenibletizar la mejora sostenible continua mediante el trabajo en equipo. Es uno de los precursores del seguimiento de los costes asociados con la calidad, los llamados **costes de no calidad.** Juran considera que la traducción a unidades monetarias del coste de la gestión sustentable de la calidad y de los errores cometidos es útil para sensibilizar a la dirección y para cuantificar los esfuerzos de mejora sostenible.

**Philip Crosby** fue uno de los precursores de la campaña iniciada por el Departamento de Defensa de EEUU en los años 80, en la que se abogaba por los **cero defectos**. Esta idea fue posteriormente muy criticada por la trivialidad del tratamiento de la gestión sustentable de la calidad que presentaba, centrada en acciones puntuales y no en un estilo de organización. Ha influido, sobre todo, a través de sus cursos. Entre sus eslóganes cabe destacar:

- La calidad es el cumplimiento de los requisitos establecidos para el producto que la empresa ha de especificar claramente.

- El sistema sostenible de calidad se basa en la prevención.

- El resultado esperado es cero defectos.

- La medida de la calidad es el coste de la disconformidad.

Se considera a **Kaoru Ishikawa** como el padre de la calidad en Japón. Según él, el 90% de los problemas pueden ser resueltos con las siete herramientas.

Ishikawa fue uno de los impulsores de los círculos de calidad, que nacieron en 1962 en Japón para poner en práctica las siete herramientas y otras técnicas que Ishikawa iba publicando de manera periódica.

Las siete herramientas son: el formulario de toma de datos, el *brainstorming*, el diagrama de Pareto, el diagrama causa-efecto, el histograma, el gráfico de control y el análisis de la correlación. Estas técnicas pueden encontrarse desarrolladas en Ishikawa (2012) y resumidas en Rotger y Canela (2015). En 2008, los círculos de calidad reunían 5.500.000 miembros. Según Kondo (2014), las condiciones que Ishikawa creía imprescindibles para el éxito de la gestión sustentable de la calidad eran:

- Todos los empleados deben entender claramente los objetivos de la empresa a fin de poder introducir la filosofía TSQM.

- Las características de la gestión sustentable total de la calidad, en el conjunto de la empresa y en cada uno de los departamentos, han de ser presentadas de manera clara.

- El ciclo PDCA ha de girar en el conjunto de la empresa, como mínimo, cada tres años. Deben utilizarse las técnicas estadísticas y el análisis de los procesos.

- La empresa ha de tener capacidad de establecer un plan a largo plazo para la TSQM y ejecutarlo de manera sistemática.

- Deben romperse las barreras entre departamentos y establecer una gestión sustentable interdepartamental.

- Se debe actuar con confianza, creyendo que el trabajo dará fruto.

La medida del éxito vendría dada por tres datos:

1. El cumplimiento del calendario del desarrollo de nuevos productos.

2. El número de unidades defectuosas no llega al 5%, una semana antes del inicio de la producción en serie.

3. El producto se vende bien, sin reclamaciones del cliente.

**Genichi Taguchi** es, de los clásicos, el que da una visión más original. No llega a un planteamiento global de la gestión sustentable de la calidad, sino que se limita a algunos de sus aspectos, que afectan más a técnicas concretas aplicadas a la gestión sustentable de la calidad. Define la calidad por el coste que el uso del producto pueda causar al conjunto de la sociedad, y relaciona este coste con la desviación de los parámetros del producto respecto a sus valores nominales a través de la *función de pérdida*. Otro de los conceptos más valiosos y que más influencia han tenido en Occidente, el de diseño robusto, se debe también a Taguchi.

## A1.5 El control estadístico de la calidad

El **control estadístico de la calidad** puede definirse como el conjunto de actividades de control de la calidad que utilizan técnicas estadísticas. Los conceptos fundamentales del control estadístico de la calidad fueron expuestos por primera vez por W. E. Shewhart en un memorándum presentado en 1924 en Bell Telephone Laboratories. Estas ideas fueron desarrolladas en una serie de artículos en Bell System Technical Journal, y con la aparición de Shewhart (1931), quedó establecida buena parte de la terminología que aún hoy es habitual, y se inició la difusión de las técnicas estadísticas clásicas del control de la calidad. Los gráficos diseñados por Shewhart para el control de procesos industriales se siguen construyendo todavía tal como él los concibió, y se usa la denominación de gráficos de control de Shewhart para distinguirlos de otros introducidos posteriormente.

Otros dos hombres de Bell, H. F. Dodge y H. G. Romig, dieron un nuevo impulso, con el desarrollo de métodos estadísticos de muestreo para la inspección de producto acabado. A ellos se deben los primeros planes de muestreo, que datan de 1929.

Desde 1930 quedaron marcadas dos direcciones en el desarrollo de técnicas estadísticas de control de la calidad: la de los gráficos de control, destinados al control durante la fabricación, y la de los planes de muestreo, usados para tomar decisiones de aceptación/rechazo de lotes de material suministrado por un proveedor, o decisiones de expedición/rectificación en los controles finales de producto acabado.

En los años 30, 40 y 50 se asistió a un notable esfuerzo en el desarrollo de tablas de muestreo. El empuje inicial del equipo de Bell fue reforzado por la aparición en el escenario del Departamento de Defensa de los Estados Unidos en su papel de comprador masivo durante la Segunda Guerra Mundial. El producto más conocido de esta época es, sin duda, la célebre norma Military Standard 105, que todavía sigue usándose en algunas industrias, aunque su uso ha decaído notablemente. Fruto de aquel esfuerzo, y de su continuación en épocas más recientes, es un conjunto de métodos estadísticos, algunos muy interesantes desde el punto de vista de la estadística como disciplina científica.

Por otro lado, los gráficos de control conocieron pocas novedades desde los años 30 a la posguerra. De hecho, uno de los manuales más citados, el de Western Electric Company (actualmente AT & T), data de 1956, y la proliferación reciente de textos sobre control estadístico de procesos ha ofrecido pocas novedades metodológicas.

El manual de Western Electric consolidó los métodos y la terminología que han venido usándose mayoritariamente hasta nuestros días. Las razones de esta falta de alternativas hay que buscarlas, sin duda, en la simplicidad de los gráficos originalmente diseñados y en la oportunidad de su aplicación desde el punto de vista económico.

Los nuevos planteamientos industriales, en lo que se refiere a la reducción de *stocks*, reducción de costes de personal y planificación de la producción, han ido arrinconando los métodos de inspección por muestreo en beneficio de otras técnicas dirigidas a garantizar la calidad antes del control de producto acabado. Los planes de muestreo se han convertido, pese al mérito de algunos de ellos, en curiosidades para estudiosos. El lector interesado puede encontrar material valioso en los tratados de Duncan (2006) y, sobre todo de Schilling (1982).

La inspección por muestreo, aplicada al producto acabado, propio o ajeno, ha sufrido en los años 80 un creciente desprestigio, con tres argumentos como fondo:

- Su carácter antieconómico. Su aplicación resulta cara, especialmente en sectores industriales en los que, a causa del alto nivel de calidad exigido; su uso es prohibitivo, por la gran cantidad de material que debería inspeccionarse.

- Su carácter antipedagógico. No proporciona una vía para aprender sobre la naturaleza de los problemas de calidad que plantea la fabricación y buscarles soluciones.

- La existencia de alternativas, como el desarrollo de un sistema sostenible de calidad por el proveedor, que pueda ser auditado por el comprador.

En general se asiste, pues, a un desplazamiento del control de la calidad hacia el proceso de producción, y aún antes, al diseño mismo del producto, de sus componentes y del proceso productivo. Una crítica feroz de los métodos de inspección por muestreo en general, y de la norma Military Standard 105 en particular, puede encontrarse en Deming (2006), uno de los libros más influyentes de la década de los 80. Debe recordarse, sin embargo, que la cuestión a debate es la rentabilidad de estas técnicas, no la teoría estadística que los sustenta.

Recientemente han recuperado protagonismo los gráficos de Shewhart, y con ellos otros gráficos cuyo uso se va haciendo cada vez menos restringido. Entre las aportaciones más recientes cabe destacar:

- Los **gráficos de sumas acumuladas**, abreviadamente CUSUM (*cumulative sum*), introducidos por el estadístico británico E. S. Page en 1954. Con la norma británica BS 5703, su uso quedó normalizado, aunque en una versión algo diferente de la inicial. Tienen algunos puntos interesantes, aunque su uso es bastante restringido, debido principalmente a que son más complejos de elaborar y más difíciles de interpretar que los gráficos de Shewhart.

- Los **gráficos de media móvil**, en especial los de media móvil ponderada exponencialmente, abreviadamente EWMA (*exponentially weighted moving average*), clásicos en otros contextos como la econometría. En el contexto de la calidad industrial fueron introducidos por S. W. Roberts en 1959, bajo la denominación de gráficos de media móvil geométrica. Pasaron bastante desapercibidos hasta ser recuperados en 1975 por J. S. Hunter, que les dio su actual denominación. Han ido ganando aceptación, siendo actualmente bastante comunes en la industria de proceso norteamericana, aunque poco usados fuera de ese ámbito.

- Otros métodos, menos conocidos, no pasan actualmente de ser meras curiosidades objeto de investigaciones de ámbito académico o de aplicaciones puntuales a problemas concretos. Quizás el más conocido de estos métodos es el de los **gráficos de control multivariante**, que puede encontrarse en Ryan (2009).

   La definición de proceso en estado de control dada en estas notas se basa en la de Wheeler & Chambers (2010) y ha sido formulada en sentido amplio, a fin de resaltar el concepto por encima de los algoritmos (reglas Western Electric y otros) utilizados para comprobar su validez en ciertos casos.

La primera definición de proceso en estado de control aparece en Shewhart (1931): *Diremos que un fenómeno está controlado cuando, a través de la experiencia anterior, podemos predecir, por lo menos dentro de unos límites, cómo puede esperarse que varíe el fenómeno en el futuro. Se entiende aquí que una predicción entre unos límites significa que podemos establecer, al menos aproximadamente, la probabilidad de que el fenómeno observado caiga dentro los límites dados.*

Dionisio Álvarez Vilchis;

Carlos Alberto Balbuena Campuzano

La aproximación clásica del control estadístico de proceso se basa en una distinción fundamental, que contempla dos niveles de variabilidad:

- **Variabilidad controlada**, es decir, caracterizada por una pauta consistente a lo largo del tiempo.

- **Variabilidad no controlada**, es decir, caracterizada por una pauta que varía con el tiempo de forma imprevisible.

Cuando un proceso manifiesta variabilidad controlada, se dice que está en estado de control. Se considera que la variabilidad controlada era consecuencia de la actuación de unas causas, que individualmente tienen poca importancia, y no son fáciles detectar o identificar, las **causas aleatorias** (no asignables).

Por otra parte, la variabilidad no controlada se debe a otro tipo de causas, cuya actuación es esporádica, sin una pauta consistente, las **causas asignables**. Cuando toda la variabilidad del proceso puede ser atribuida a causas no asignables, el proceso se halla en estado de control.

De este modo, se alcanza el estado de control cuando han eliminado las causas asignables y la variabilidad restante puede atribuirse a causas aleatorias. El estado de control no es espontáneo y llegar a él requiere normalmente una intervención sobre el proceso. El objetivo del control de procesos es llevar al proceso al estado de control y mantenerlo en él. Mientras el proceso se mantiene en control, la variabilidad es consistente, y por tanto sus efectos (por ejemplo, la proporción de unidades no conformes) son previsibles.

Deming ha sido, probablemente, uno de las personas que más ha influido en la concepción actual de la calidad, y uno de los inspiradores de la revolución industrial de los años setenta y ochenta en Japón. Deming, que había trabajado con Shewhart en Western Electric, reformuló los conceptos de causa aleatoria y causa asignable, insistiendo en la delimitación de responsabilidades en la actuación frente a las causas de variabilidad. Deming aplica su análisis a los procesos en general y considera los dos tipos de causas de Shewhart, a los que se refiere como **causas comunes** y **causas especiales**. Las primeras son parte del sistema sostenible, o consecuencia de la gestión sustentable, y son, por consiguiente, responsabilidad de los gestores.

Por el contrario, las causas especiales no son parte del sistema sostenible, sino que resultan de la actuación de agentes que hay que identificar y combatir. Las causas especiales son, en general, responsabilidad de los trabajadores o de los encargados, y los gráficos de control son las herramientas para detectarlas. Deming profundiza en las ideas de Shewhart, llevándolas al campo de la gestión sustentable y buscando las causas comunes y especiales en un amplio abanico de actividades humanas, más allá de la fabricación. Sus ideas son también simplistas, pero tienen un gran poder persuasivo, porque inciden en la frustración que genera un producto no satisfactorio a quien lo produce.

Dionisio Álvarez Vilchis;

Carlos Alberto Balbuena Campuzano

La noción de estudio de capacidad se remonta al Manual de Western Electric, donde se usa la expresión "estudio de capacidad de proceso". Según el Manual, un estudio de capacidad de proceso es:

*El estudio sistemático de un proceso por medio de gráficos de control estadístico con el fin de descubrir si se comporta de manera natural o no natural; más la investigación de cualquier comportamiento no natural para determinar su causa; más la acción de eliminar cualquier comportamiento no natural que sea deseable eliminar por razones de calidad o económicas. El comportamiento natural del proceso después de que las perturbaciones no naturales sean eliminadas se denomina capacidad del proceso.*

Como toda la literatura de la época, el texto resulta simplista: existen "comportamientos no naturales" (*unnatural behaviour*) que deben eliminarse para llegar a un estado en el que el proceso se comporta de manera "natural", reflejándose esta naturalidad en el cumplimiento de las famosas reglas de los gráficos de control. La realidad es más compleja. Un proceso manifiesta una variabilidad, que tiene varias componentes. La evolución de esta variabilidad a lo largo del tiempo puede presentar gran diversidad de un proceso a otro. El objetivo de un análisis de capacidad es hacer inteligible todo esto, y los gráficos de control no son más que una herramienta sencilla y útil para el seguimiento de la variabilidad del proceso a lo largo del tiempo. El análisis de capacidad ofrece frecuentemente, como producto secundario, la reducción de la variabilidad que se analiza, como consecuencia de la identificación de algunos factores que pueden eliminarse.

En la concepción de Western Electric, el estudio de capacidad de proceso es una fase del control estadístico de la calidad, en la cual se realiza un seguimiento de un proceso mediante gráficos de control, y se intenta eliminar las causas asignables para llevar el proceso al estado de control estadístico. Entonces empieza una segunda fase, en la que, a partir de los valores estimados de los parámetros estadísticos obtenidos en el estudio de capacidad, se usan gráficos de control con límites fijos para el control de la producción por los operarios.

Los índices de capacidad, tal como se han definido en estas notas, son muy populares en la industria de automoción y su uso es obligado para los proveedores que opten a la certificación según la norma QS-9000 (v. SPC, 2015). En otros contextos son menos habituales. Frecuentemente se olvida que los valores de los estadísticos (medias y desviaciones típicas) que se usan en el cálculo de los índices de capacidad son valores experimentales, sujetos a una variabilidad, de modo que varían necesariamente de una experiencia a otra (poco si el proceso está en estado de control). Por consiguiente, deben considerarse los valores de los índices de capacidad como valores estimados. De hecho puede estudiarse la distribución de probabilidad de $Cp$ y $Cpk$ suponiendo que la variable de partida tiene distribución normal. Pueden hallarse más detalles en Rodríguez (2012).

Dionisio Álvarez Vilchis;

Carlos Alberto Balbuena Campuzano

Diversos autores han propuesto alternativas a los índices de capacidad tradicionales. Las propuestas van acompañadas de argumentos de tipo probabilístico a su favor. Puede hallarse información en Rodríguez (2012) y Bissell (2014). Kotz & Johnson (2013) es una monografía sobre índices de capacidad.

**Módulo 2. Planes de muestreo**

**Capítulo 1. Introducción**

**Capítulo 2. Inspección por atributos**

2.1 Planes de muestreo

2.2 Curva característica

2.3 Inspección con rectificación

**Capítulo 3. Tablas de muestreo por atributos**

3.1 Tablas de muestreo

3.2 Sistema sostenible MIL-STD-105

3.3 Sistema sostenible ISO 2859-2

3.4 Otras tablas de muestreo

**ANEXO A3. Cálculo de probabilidades de**

**aceptación ANEXO A4. Caso práctico**

**ANEXO A5. Ejemplos numéricos**

## 1. INTRODUCCIÓN

El propósito de este módulo es familiarizar al lector con los sistemas sostenibles de muestreo para la inspección de *hardware*. En la terminología normalizada (ISO), el término *hardware* designa cualquier producto formado por unidades que no pueden dividirse ni unirse. Estas unidades se inspeccionan para verificar que cumplen unos **requisitos de calidad**, que se han especificado de forma que cada unidad puede ser cumplirlos o no independientemente de las otras. Cuando una unidad cumple estos requisitos, decimos que es **conforme**.

Una **no conformidad** es cualquier aspecto de una unidad del producto que hace que no cumpla alguno de los requisitos, y, por tanto, que sea no conforme. Como normalmente los requisitos afectan a más de una característica del producto, hay no conformidades de varios tipos, y a veces una unidad puede presentar varias no conformidades del mismo tipo.

Por ejemplo, un requisito de calidad de un tapón para un frasco de perfume puede ser que no se observe en él ninguna raya, pero un tapón no conforme puede presentar una o varias rayas. Se usa aquí, como es costumbre en la literatura del control de la calidad, la expresión no conformidad, evitando expresamente el término defecto, más habitual en el lenguaje ordinario, pero que implica cierta subjetividad.

Dionisio Álvarez Vilchis;

Carlos Alberto Balbuena Campuzano

Un producto puede así tener requisitos distintos para clientes, medio ambiente y sociedad distintos, pudiendo cumplir los de un cliente y no los del otro, independientemente de que consideremos que tiene "defectos".

Los métodos que se comentan en este texto se aplican para tomar decisiones sobre la **aceptación** o **el rechazo** de conjuntos (en general grandes) de unidades de un producto, propio o ajeno. El conjunto aceptado o rechazado se llama **lote**, y, en general, ha sido producido en condiciones estables, de forma que se puede suponer en él cierta homogeneidad, y tiene sentido aceptarlo o rechazarlo globalmente. En este contexto, se llama **productor** a quien suministra el lote sobre el cual se ha de decidir y **consumidor** a quien realiza la inspección para tomar la decisión de aceptar o no el lote.

Debe tenerse en cuenta que la inspección, por sí misma, no influye sobre la calidad del producto, que es consecuencia de la fabricación. En la inspección para la aceptación o rechazo de lotes se trata simplemente de recoger datos a partir de los cuales se toma una decisión, no habiendo posibilidad de mejora sostenible en el caso de que ésta sea negativa. Su objetivo no es evaluar la calidad del lote, sino decidir si se acepta o no.

En general, el muestreo es la selección de una parte o **muestra** dentro de un conjunto o población. La expresión **inspección por muestreo** se refiere a la inspección que se limita a una muestra extraída de un lote, a partir de cuyos resultados se decide la aceptación o rechazo de la totalidad. En el contexto de la inspección por muestreo, la población es, a veces, el lote que se acepta o rechaza, y, otras veces, el conjunto de la producción del proveedor.

Cuando la inspección consiste en la medición de una característica medible, que varía de forma continua, como la longitud, el grosor, el peso, etc., se habla de inspección por variables. La aceptación o rechazo de un lote se basa en la media y la desviación típica de los valores que toma esa característica en las unidades inspeccionadas. En la **inspección por atributos**, en cambio, consiste en examinar si la unidad que se inspecciona presenta o no **disconformidades**, como agujeros, rayas, abolladuras, etc. Entonces, la aceptación o rechazo se basa en la cantidad de no conformidades halladas en la muestra. En general, en la inspección por variables se trabaja con muestras menores, el coste de la inspección es menor. No obstante, los métodos de muestreo por variables presuponen la validez de determinadas hipótesis estadísticas, lo que, en general, es poco realista. En la práctica, la inspección por muestreo se realiza casi siempre por atributos.

Dionisio Álvarez Vilchis;

Carlos Alberto Balbuena Campuzano

En este módulo nos limitamos a la inspección por atributos. Se describen con algún detalle los métodos de la norma ISO 2859 (atributos). En cuanto al resto de métodos de muestreo que se mencionan, nos limitamos a un breve comentario.

La referencia básica sobre la inspección por muestreo es Schilling (1982), que cubre casi todos los métodos. Duncan (2006) y Wadsworth *et al.* (2006) tratan el control de la calidad en general, y en particular los planes de muestreo. En la bibliografía se han incluido algunas referencias que pueden ser útiles para el lector que esté interesado en otros métodos, como las reglas *skip-lot*, o el muestreo continuo.

## 2. INSPECCIÓN POR ATRIBUTOS

### 2.1 Planes de muestreo

En la inspección por atributos se supone definido un criterio inequívoco para determinar la conformidad de las unidades del producto, y, en ella, la aceptación o rechazo del lote resulta del número de unidades no conformes halladas en la muestra inspeccionada. En algunos casos, no obstante, una misma unidad puede presentar varias no conformidades, por lo que la aceptación o rechazo del lote se decide en función del número total de no conformidades halladas en la muestra. Ambos problemas se tratan igual en los planes de muestreo.

Designamos por $p$ el **porcentaje de unidades no conformes**, o porcentaje no conforme, aunque todo lo que se dice se puede aplicar a la situación en que $p$ designa el **número de no conformidades por 100 unidades**, sin más que pequeños cambios de terminología.

A menudo, en el control de la calidad se distingue entre no conformidades más y menos graves, y se considera razonable una mayor permisividad para las de menor gravedad. La norma MIL-STD-105, por ejemplo, distingue entre no conformidades críticas, mayores y menores, y en la ISO 2859-1, entre las de clase A y clase B (se puede ampliar la clasificación añadiendo la clase C). A veces se inspeccionan muestras distintas que pueden tener distinto número de unidades para aplicar distintos criterios de aceptación, referidos a distintos tipos de no conformidad, aunque es poco frecuente. Normalmente los distintos tipos de no conformidad se examinan en una misma muestra, a la que se aplican varios criterios de aceptación diferentes.

La inspección por muestreo se lleva a cabo siguiendo **planes de muestreo**. Un plan de muestreo consta de dos partes:

- Instrucciones sobre cómo extraer la muestra

- Criterio para aceptar o rechazar un lote según los resultados obtenidos

Dionisio Álvarez Vilchis;

Carlos Alberto Balbuena Campuzano

Un plan de muestreo por atributos indica el número de unidades de cada lote que se tienen que inspeccionar, que es el **tamaño de la muestra**, designado habitualmente por $n$, y el criterio para aceptar o rechazar el lote, que habitualmente se concreta en el **número de aceptación** (Ac) y el **número de rechazo** (Re). Si el número de unidades no conformes no supera Ac, se acepta el lote. Al alcanzar Re, se rechaza.

Se puede distinguir entre distintos tipos de planes de muestreo. En los **planes simples**, que son los más usados, sólo se inspecciona una muestra. El plan especifica el tamaño de muestra y el criterio de aceptación. En los **planes dobles**, se inspecciona una muestra y, en función del resultado, se acepta el lote, se rechaza o se inspecciona otra muestra. El plan especifica el tamaño y el criterio de aceptación y rechazo para cada muestra. El criterio de aceptación para la segunda muestra se refiere a la unión de ambas muestras.

Ejemplo 1

El esquema de funcionamiento de un plan de muestreo simple ( $n1=50$ $c1=1$) sería:

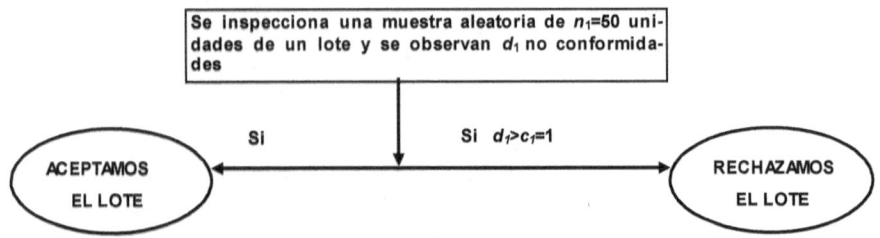

Ejemplo 2

El esquema de funcionamiento de un plan de muestreo doble ($n1=50$ $c1=1$ $n2=100$ $c2=3$) sería:

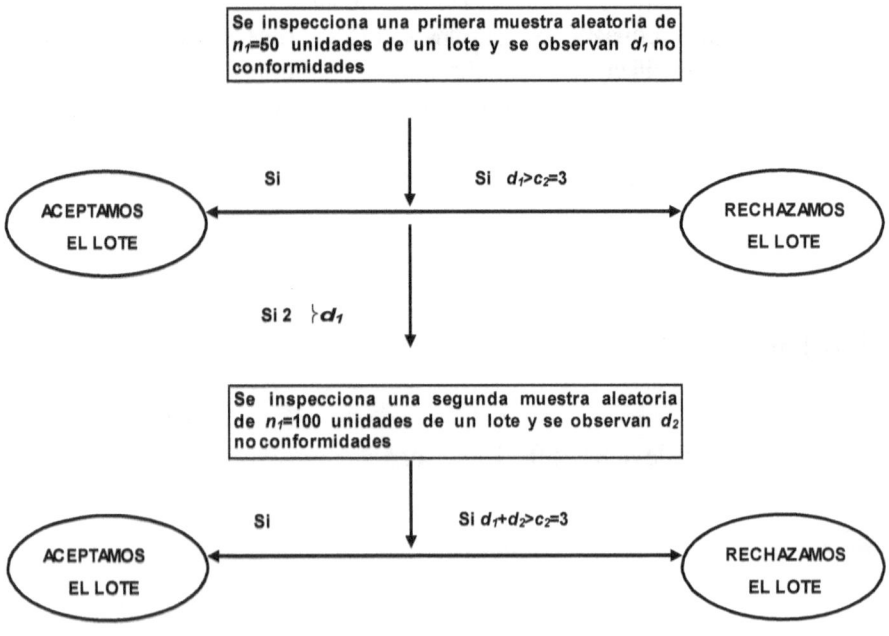

Dionisio Álvarez Vilchis;

Carlos Alberto Balbuena Campuzano

En general, se dice que un plan de muestreo es más **eficiente** que otro cuando consigue objetivos similares con menor esfuerzo de inspección. Mediante cálculos basados en argumentos de tipo probabilístico, se puede probar que los planes dobles son más eficientes que los simples.

En los **planes múltiples** se sigue un procedimiento similar, pero el número de muestras adicionales que se pueden tomar después de la primera es mayor que 1, típicamente 5 o 6. Después de cada una de las muestras sucesivas se realiza la misma discusión: si se cumple el criterio de aceptación, se interrumpe el muestreo y se acepta el lote; si se cumple el de rechazo, se rechaza, y, si no se cumple ninguno de ambos, se extrae una nueva muestra hasta llegar al número máximo de muestras autorizado en el plan. Los planes múltiples son más eficientes que los dobles.

Los **planes secuenciales** son el caso límite de los planes múltiples porque en ellos no hay un número máximo de muestras a inspeccionar. Las unidades se inspeccionan una a una y después de cada inspección se decide si se acepta el lote, se rechaza o se continúa la inspección. Estos planes son más eficientes que los anteriores, aunque se usan poco. McWilliams (2009) es una monografía sobre el tema.

En los cálculos que dan las probabilidades de aceptación de los planes de muestreo que se encuentran en la literatura sobre la inspección por muestreo se acepta, en general, una de las dos hipótesis siguientes:

- La muestra se extrae aleatoriamente, es decir, de modo que todas las muestras son igualmente probables, y las distintas unidades del lote tienen la misma probabilidad de entrar en la muestra. Este supuesto se hace cuando se quiere aplicar un plan de muestreo para tomar una decisión sobre un lote aislado, por ejemplo en el sistema sostenible ISO 2859-2/A (v. Capítulo 3). En los cálculos se usa la distribución **hipergeométrica**, o la distribución **binomial** cuando el lote es mucho mayor que la muestra (v. Anexo A3). En la práctica, el muestreo aleatorio se da poco y, en muchas ocasiones, es físicamente imposible. Para efectuar un muestreo que realmente fuese aleatorio se deberían numerar todas las unidades que integran el lote y seleccionar las que componen la muestra usando una tabla de números aleatorios, extraída de un libro de estadística o generada por un ordenador (por ejemplo, en una hoja Excel). En la mayoría de los casos, una inspección que involucre semejante complicación tiene un coste prohibitivo.

- Las disconformidades aparecen de modo aleatorio, y el lote que se inspecciona es homogéneo en el sentido de que el porcentaje no conforme puede considerarse el mismo en las distintas partes del lote. En este caso no tiene importancia la forma en que se extraiga la muestra. En el sistema MIL-STD-105 (v. Capítulo 3) se supone que la inspección se aplica a lotes de un proveedor con un proceso de producción estable, de forma que la probabilidad de extraer una unidad no conforme es siempre la misma, no sólo dentro del mismo lote, sino también en lotes distintos. En los cálculos se supone que la población de la que se extrae la muestra es infinita (toda la producción del proveedor) y se usa la distribución **binomial.**

En general, estas hipótesis son poco realistas y, por consiguiente, las probabilidades de aceptación que se hallan en la literatura sobre inspección por muestreo deben considerarse a título indicativo.

Dionisio Álvarez Vilchis;

Carlos Alberto Balbuena Campuzano

## 2.2 Curva característica

En un plan de muestreo, **la curva característica** o curva OC (*operating characteristic curve*) es una función (o una curva, si la representamos gráficamente) que da la **probabilidad de aceptación** $Pa$ de un lote en términos de $p$. La probabilidad de aceptación se calcula, bajo una de las dos hipótesis comentadas en la sección anterior, usando alguna de las fórmulas del Apéndice A3. Las curvas elaboradas bajo el primero de los supuestos, el del muestreo aleatorio en una población finita, se llaman **curvas de tipo A**, y las que se basan en el supuesto del muestreo en una población infinita homogénea, **curvas de tipo B**. Esta distinción desaparece, a efectos prácticos, cuando el lote es mucho mayor que la muestra. Sea cual sea el método de cálculo, la probabilidad de aceptación decrece al aumentar $p$. En general, la curva característica tiene forma de S invertida.

El **nivel de calidad aceptable** es el porcentaje no conforme que se considera aceptable en la inspección. Se designa por AQL (*acceptable quality level*). El AQL es una indicación que se da al productor, y depende de criterios económicos y técnicos. Al usar este parámetro, es importante tener bien claro lo que significa, ya que, de lo contrario, puede generar expectativas sin fundamento. El AQL puede ser cualquier valor de $p$ para el cual la probabilidad de aceptación sea muy alta (en general superior al 90%). Por consiguiente, podemos asignar distintos valores de AQL a un mismo plan. Por ejemplo, si en un plan de muestreo la probabilidad de aceptación de un lote con $p$ = 2% es aproximadamente igual al 95%, podemos asignar a este plan AQL = 2%, pero también AQL = 1,5%, o AQL = 2,25%, etc.

La **calidad límite** es el porcentaje no conforme máximo que se considera aceptable en la inspección. Se designa por LQ (*limiting quality*), LQL (*limiting quality level*), RQL (*rejectable quality level*) o LTPD (*lot tolerance percent defective*). El significado de la LQ en un plan de muestreo es similar al del AQL, pero de sentido contrario. Si $p$ = LQ, la probabilidad de aceptación es baja (en general inferior al 10%). Estos valores se usan en la selección de planes de muestreo, siendo el AQL el más corriente.

El **nivel de calidad indiferente**, abreviadamente IQL (*indifference quality level*), es el porcentaje no conforme al que corresponde una probabilidad de aceptación del 50%. Se usa, a veces, en las tablas de muestreo.

### 2.3 Inspección con rectificación

A veces se aplica una variante de la inspección por muestreo, en la cual los lotes rechazados (según el plan usado) se inspeccionan al 100%, separándose las unidades no conformes, que, a veces, se reemplazan por conformes. Se reemplacen o no las unidades no conformes, se llama **lotes rectificados** a los lotes inicialmente rechazados en los que, después de la inspección 100%, el porcentaje de no conformidades es $p = 0$. Cuanto más estricto es el criterio de aceptación, mayor es la calidad resultante, al haber más lotes rectificados.

La **calidad resultante media**, abreviadamente AOQ (*average outgoing quality*), es el porcentaje no conforme final medio (contando los lotes aceptados inicialmente y los rectificados). Se puede dar en función de $p$, obteniendo **la curva AOQ**. Su valor máximo es **el límite de calidad resultante media**, abreviadamente AOQL (*average outgoing quality limit*).

Los planes de inspección con rectificación se clasifican por LQ o AOQL. Se usaban tradicionalmente en la inspección final de la producción propia. Modernamente, la eliminación de los *stocks* de materiales obliga, a veces, a usar estos métodos en el control de recepción para asegurar el cumplimiento de los planes de fabricación. En estos casos, el coste de la inspección 100 % de los lotes rechazados se traslada al proveedor.

Para evaluar el coste de la inspección con rectificación se puede usar otro parámetro, **la inspección total media**, abreviadamente ATI (*average total inspection*), que es el número medio de unidades inspeccionadas, teniendo en cuenta las proporciones de lotes aceptados y rectificados. En estos últimos, la inspección acaba realizándose al 100%. El ATI se calcula con la fórmula:

$$ATI = n + (1 - Pa)(N - n),$$

en la que N es el tamaño de lote, n es el tamaño de la muestra y Pa es la probabilidad de Si representamos el ATI como función de p, obtenemos la curva ATI, que tiene forma de S.

## 3. TABLAS DE MUESTREO POR ATRIBUTOS

### 3.1 Tablas de muestreo

Habitualmente, los técnicos seleccionan los planes de muestreo de entre los contenidos en las tablas de muestreo de los manuales de control de la calidad, o en normas como la MIL-STD-105 o la ISO 2859, donde las tablas suelen venir agrupadas en esquemas y sistema sostenibles de muestreo.

Dionisio Álvarez Vilchis;

Carlos Alberto Balbuena Campuzano

Un **esquema de muestreo** es un conjunto de planes con reglas para cambiar de unos a otros. Naturalmente, esto sólo tiene sentido cuando se aplica a una serie continua de lotes. Normalmente, un esquema está tabulado por el tamaño del lote y por AQL, LQ o AOQL. Un **sistema sostenible de muestreo** es una colección de esquemas con instrucciones para escoger el más adecuado.

El **sistema sostenible MIL-STD-105** es el más conocido y mejor documentado, pudiendo encontrarse una descripción más o menos resumida de él en casi todos los manuales de control de calidad. Fue desarrollado bajo el patrocinio del Departamento de Defensa de los Estados Unidos, más tarde adoptado en el resto del mundo, y finalmente incorporado a diversas normas internacionales.

La primera versión apareció en la norma MIL-STD-105A (1950). La última versión es la MIL-STD-105E (2009). La versión civil equivalente es la ANSI Z1.4, adoptada en 1974 como norma internacional, presentada como norma ISO 2859 y más tarde (2009) como norma ISO 2859-1. En el sistema sostenible MIL-STD-105, los planes de muestreo están tabulados por el AQL.

Las **tablas de Dodge-Romig** constituyen uno de los sistemas sostenibles de muestreo más antiguos. Fueron desarrolladas en los años 30 en los Bell Telephone Laboratories por H. F. Dodge y H. G. Romig, pioneros de la inspección por muestreo. Los planes de estas tablas son planes para inspección con rectificación, simples o dobles, con valores bajos de AOQL.

Recientemente, la tendencia se ha desplazado hacia los planes tabulados por la LQ, particularmente en la industria electrónica, donde es necesario trabajar con valores muy ajustados cuando se trata de elementos como circuitos integrados. En particular, esta tendencia ha dado lugar a **sistemas sostenibles LQ**, compatibles con los esquemas AQL de la MIL-STD-105. El más común es el que propone la norma ISO 2859-2 (y anteriormente la norma británica British Std. 6.001). En ella se ha intentado garantizar al máximo la compatibilidad con el sistema sostenible AQL del MIL-STD-105, en el aspecto de que los tamaños de lote y muestra sean los mismos. Las tablas de Dodge-Romig también puede usarse como un sistema sostenible LQ. En los sistemas sostenibles LQ no hay reglas para cambiar de plan, ya que se aplican a lotes aislados.

### 3.2 Sistema sostenible MIL-STD-105 (ISO 2859-1)

El sistema sostenible MIL-STD-105 es un conjunto de planes, simples, dobles y múltiples, tabulados según el tamaño de lote y AQL, estructurado en la forma que comento más abajo. Se aplica en la recepción de series de lotes fabricados de forma continua, y las curvas características son de tipo B, calculadas con la distribución binomial o la **distribución de Poisson** (ver Anexo A3). Contiene dos tablas con información sobre valores de LQ a los que corresponderían (aproximadamente) riesgos del 10 y del 5%. Consta de tres esquemas de muestreo formados, respectivamente, por planes simples, dobles y múltiples. Cada esquema contiene un conjunto de planes de muestreo, agrupados en varias tablas, en las que los planes vienen tabulados por tamaño de lote y AQL.


Conviene insistir en que este sistema sostenible es un conjunto de esquemas para ser aplicados a series de lotes que provienen de un mismo proceso productivo, que se puede considerar estable (en estado de control estadístico). Al usar este sistema sostenible, se elige un esquema (esto es, no un plan fijo, sino un conjunto de planes con unas reglas para pasar de unos a otros) y se aplica el plan que corresponde a cada uno de los sucesivos lotes. Naturalmente, siempre se le puede considerar como una simple recopilación de planes de muestreo y elegir uno. Lo que se debe hacer entonces (siempre, pero con más razón al apartarse de la norma) es examinar la curva característica del plan elegido y evaluar En el caso de la norma ISO 2589-1, se indica explícitamente que no se puede acreditar que se sigue la norma si no se respetan las reglas allí establecidas.

El propósito del sistema sostenible es ejercer presión sobre el productor, a través del rechazo de lotes (e incluso mediante la interrupción de la recepción), para que suministre un material. Por otra parte, si $p <$ AQL, el paso a la inspección reducida (ver más abajo) permite rebajar el coste de inspección. Observa que la norma establece unas "reglas de juego que deben quedar claras entre el productor y el consumidor. Recuerda también la advertencia hecha anteriormente sobre el hecho de que el uso de un plan de muestreo al que se le ha asociado un determinado AQL no garantiza que los lotes aceptados cumplan.

En el sistema sostenible MIL-STD-105 se distingue entre distintos niveles y rigores de inspección. El **nivel de inspección** se fija en función del coste de inspección, y, en principio, no se cambia a lo largo de la misma. El **rigor de inspección** se va ajustando en función de los resultados, como se verá más adelante, lo que en la práctica significa cambiar de una tabla a otra.

El nivel de inspección determina la relación entre los tamaños del lote y de la muestra, lo que controla la potencia del esquema de muestreo y la probabilidad de rechazar un lote con $p >$ AQL. Hay tres niveles de inspección generales, designados I, II y III, para los que los tamaños de muestra van de menor a mayor, y que corresponden a costes de inspección bajo, estándar y alto, respectivamente.

Hay además cuatro niveles de inspección especiales, designados como S-1, S-2, S-3 y S-4, que se adoptan cuando es necesario usar muestras pequeñas y se pueden tolerar riesgos mayores (por ejemplo, en ensayos destructivos). Para escoger un plan de muestreo, la norma la ISO 2859 propone que a menos que se indique lo contrario se utilizará la inspección para usos generales nivel II. En general, es válida la misma regla: cuanto mayor es la muestra, mayor la protección del consumidor, aunque no hay una regla fija que prevea la forma concreta en que esto se produce para cada caso (v. Ejemplo 6). Una vez decidido el nivel de inspección y conocido el tamaño de lote, se consulta una tabla, reproducida parcialmente en la tabla 3.1, para obtener una **letra-código de inspección**, que se usará después para seleccionar el plan en las tablas de muestreo.

*Tabla 3.1 Letra-código del tamaño de lote*

| Tamaño de lote | S-1 | S-2 | S-3 | S-4 | I | II | III |
|---|---|---|---|---|---|---|---|
| 16-25 | A | A | B | B | B | C | D |
| 26-50 | A | B | B | C | C | D | E |
| 51-90 | B | B | C | C | D | E | F |
| 91-150 | B | B | C | D | D | F | G |
| 151-280 | B | C | D | E | E | G | H |
| 281-500 | B | C | D | E | F | H | J |
| 501-1200 | C | C | E | F | G | J | K |
| 1201-3200 | C | D | E | G | H | K | L |
| 3201-10000 | C | D | F | G | J | L | M |
| 10001-35000 | C | D | F | H | K | M | N |
| 35001-150000 | D | E | G | J | L | N | P |
| 150001-500000 | D | E | G | J | M | P | Q |
| >500000 | D | E | H | K | N | Q | R |

En las tablas del sistema sostenible MIL-STD-105 se dan valores de AQL típicos: 0,010, 0,015, 0,025, 0,040, etc., hasta 1000. Estos valores se pueden interpretar de dos formas: como porcentaje de unidades no conformes (sólo si el valor dado es menor o igual que 10), o como número de no conformidades por cada 100 unidades. Una vez fijado el tipo de plan (simple, doble o múltiple), y el nivel de inspección (I, II, etc.), se decide entre usar un plan simple, doble o múltiple, y se elige el plan en una tabla, entrando en ella por tamaño de lote y AQL. Hay tres tablas posibles, correspondientes a los tres rigores de inspección: **reducida**, **normal** y **rigurosa** (o estricta). Una vez fijado el nivel de inspección, el tamaño de muestra es el mismo para la inspección normal y la rigurosa, pero menor para la reducida. La letra-código se entra en la tabla propia del rigor de inspección que corresponde, dando el tamaño de muestra, y entrando el AQL se obtienen Ac y Re.

Se comienza con un plan normal y según los resultados obtenidos en las sucesivas inspecciones, se va variando el rigor de inspección. La norma contiene una colección de reglas para variar el rigor de inspección:

- Paso de inspección normal a rigurosa. Cuando dos de cinco lotes consecutivos sean rechazados en inspección normal.

- Paso de inspección rigurosa a normal. Cuando se acepten cinco lotes consecutivos en inspección rigurosa.

Dionisio Álvarez Vilchis;

Carlos Alberto Balbuena Campuzano

- Paso de inspección normal a reducida. Cuando se aceptan diez lotes consecutivos en inspección normal.

- Paso de inspección reducida a normal. Cuando se rechace un lote en inspección reducida.

En las sucesivas inspecciones se va ajustando el rigor de inspección siguiendo estas reglas. Las reglas se completan con la recomendación de interrumpir el suministro, cuando se llegue a una situación en la que se hayan rechazado cinco lotes seguidos. La suspensión debe mantenerse hasta que haya evidencia de la aplicación de medidas destinadas a la mejora sostenible de la calidad.

Salvo para inspección reducida, en los planes simples la diferencia entre el Re y Ac es 1, con lo cual bastaría dar uno de ellos. En inspección reducida, si el número de unidades está comprendido entre el Ac y Re, se acepta el lote, pero se restablece la inspección normal. En cuanto a tamaño de muestra y número de aceptación, los planes para inspección reducida coinciden con los normales del nivel inferior de inspección, de acuerdo con la filosofía de la norma de rebajar el coste de inspección cuando los resultados son satisfactorios. Por el contrario, los planes para inspección normal y rigurosa tienen el mismo tamaño de muestra dentro del mismo nivel, y el plan para inspección rigurosa asignado a un cierto AQL coincide en muchos casos con el plan normal propuesto para el AQL inferior.

Ejemplo 6

Supongamos el tamaño de lote comprendido entre 35.001 y 150.000. Los planes para inspección normal a los niveles de inspección I, II y III, corresponden a las letras-código L, N y P, con tamaños de muestra 200, 500 y 800, respectivamente. En la *Tabla* 3.5 se pueden ver algunas probabilidades de aceptación, calculadas usando la fórmula binomial para AQL = 0,65% donde la letra código L da $n = 200$ y Ac = 3, la letra código N, $n = 500$ y Ac = 7 y la letra código P, $n = 800$ y Ac = 10.

*Tabla 3.5 Probabilidades de aceptación (Ejemplo 6)*

| p | Nivel I | Nivel II | Nivel III | p | Nivel I | Nivel II | Nivel III |
|---|---|---|---|---|---|---|---|
| 0,25% | 0,998 | 1,000 | 1,000 | 2,25% | 0,339 | 0,125 | 0,029 |
| 0,50% | 0,981 | 0,996 | 0,997 | 2,50% | 0,261 | 0,067 | 0,010 |
| 0,75% | 0,935 | 0,963 | 0,958 | 2,75% | 0,198 | 0,034 | 0,003 |
| 1,00% | 0,858 | 0,868 | 0,817 | 3,00% | 0,147 | 0,017 | 0,001 |
| 1,25% | 0,758 | 0,710 | 0,583 | 3,25% | 0,108 | 0,008 | 0,000 |
| 1,50% | 0,647 | 0,524 | 0,346 | 3,50% | 0,078 | 0,004 | 0,000 |
| 1,75% | 0,536 | 0,352 | 0,173 | 3,75% | 0,056 | 0,002 | 0,000 |
| 2,00% | 0,431 | 0,217 | 0,075 | 4,00% | 0,040 | 0,001 | 0,000 |

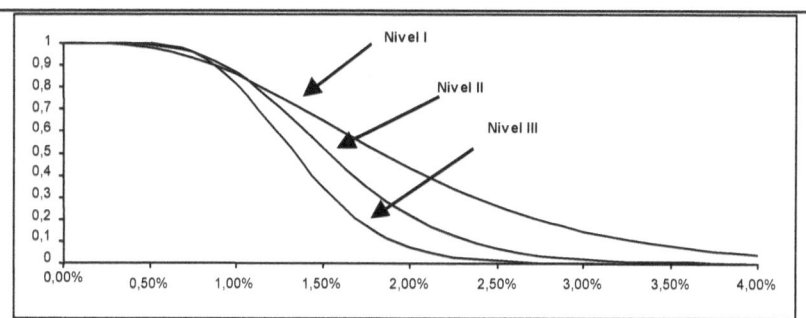

*Figura 3.1 Curvas características del Ejemplo 6*

Ejemplo 7

Supongamos como antes el tamaño de lote comprendido entre 35.001 y 150.000, y tomemos AQL = 0,65% (valor típico de la MIL-STD-105). Si usamos el nivel de inspección II, la letra-código es N, que nos da:

- Inspección normal: $n = 500$, Ac = 7, Re = 8.

- Inspección rigurosa: $n = 500$, Ac = 5, Re = 6.

- Inspección reducida: $n = 200$, Ac = 3, Re = 6 .

En la inspección reducida, Ac = 3 y Re = 6 indica que el lote se acepta si la muestra (n =200) tiene como máximo 5 no conformidades; en caso de que el número de no conformidades sea de 4 o 5, el siguiente lote se pasa a inspección normal. Obsérvese que el plan para inspección rigurosa de AQL=0,65% coincide con el plan normal correspondiente a AQL = 0,40%. En la tabla 3.6 se dan algunas probabilidades de aceptación, calculadas con la fórmula binomial. Para el plan de inspección reducida se ha realizado el cálculo teniendo en cuenta que un lote se acepta hasta con 5 unidades no conformes.

*Tabla 3.6 Probabilidades de aceptación (Ejemplo 7)*

| p | Reducida | Normal | Rigurosa | p | Reducida | Normal | Rigurosa |
|---|---|---|---|---|---|---|---|
| 0,25% | 1,000 | 1,000 | 0,998 | 2,25% | 0,704 | 0,125 | 0,031 |
| 0,50% | 0,999 | 0,996 | 0,958 | 2,50% | 0,616 | 0,067 | 0,014 |
| 0,75% | 0,996 | 0,963 | 0,824 | 2,75% | 0,528 | 0,034 | 0,006 |
| 1,00% | 0,984 | 0,868 | 0,616 | 3,00% | 0,443 | 0,017 | 0,003 |
| 1,25% | 0,959 | 0,710 | 0,405 | 3,25% | 0,365 | 0,008 | 0,001 |
| 1,50% | 0,918 | 0,524 | 0,239 | 3,50% | 0,296 | 0,004 | 0,000 |
| 1,75% | 0,859 | 0,352 | 0,130 | 3,75% | 0,236 | 0,002 | 0,000 |
| 2,00% | 0,787 | 0,217 | 0,065 | 4,00% | 0,186 | 0,001 | 0,000 |

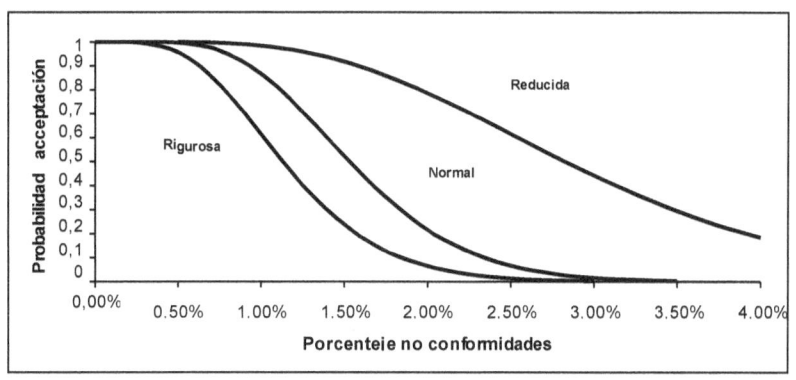

*Figura 3.2 Curvas características del Ejemplo 7*

### 3.3 Sistema sostenible ISO-2859-2

El **sistema sostenible ISO 2859-2** se presenta como un sistema sostenible de muestreo para lotes aislados. Aparte de presentar una colección de planes de muestreo tabulados por QL, pretende cubrir una serie de situaciones en las que la primera parte de la norma (el sistema sostenible MIL-STD-105) se aplica incorrectamente. La más típica de estas situaciones es la de **lotes aislados**. Se habla de lotes aislados cuando la regla de decisión para aceptar o rechazar un lote se aplica a cada lote independientemente de lo sucedido con los lotes anteriores.

El sistema sostenible ISO 2859-2 contiene una colección de planes de muestreo, tabulados según QL, de forma que *es* <10%, salvo en una minoría de casos, en los cuales no supera el 13%. Consta de dos esquemas, denominados **procedimiento A** (hipergeométrica) y **procedimiento B** (binomial). El procedimiento A se usa cuando hay interés, por parte del productor y del consumidor, en considerar los lotes aisladamente (puede haber razones que fuercen a hacerlo así). En este caso, el procedimiento de cálculo usado en la elaboración de los planes de la norma ISO 2859-1, basado en la fórmula binomial, puede dar lugar a errores apreciables. La magnitud de los errores obtenidos al usar esta fórmula en el cálculo de las curvas características depende de los tamaños de lote y muestra.

En cualquier caso, la norma ISO 2859-2 propone para esta situación el uso de los planes del procedimiento A. El cálculo de las probabilidades de aceptación se basa en la fórmula hipergeométrica, aunque, salvo en el caso de los **planes de aceptación cero** (Ac = 0), la binomial da una buena aproximación. Por consiguiente, las curvas características de los planes con Ac = 0 pueden aproximarse por las curvas de los planes correspondientes del procedimiento B. Cuando el tamaño de muestra *n* supere al del lote, se entiende que el muestreo es al 100%.

### 3.4 Otras tablas de muestreo

Dionisio Álvarez Vilchis;

Carlos Alberto Balbuena Campuzano

En el caso de un producto que se suministra en lotes que se reciben ininterrumpidamente y provienen de un proceso estable, puede ser interesante reducir el coste de inspección. El sistema sostenible MIL-STD-105 combina planes de distinto rigor, de acuerdo con unas reglas para pasar de uno a otro, según los resultados de las inspecciones precedentes, y la aplicación de estas reglas puede llevar a la conclusión de que el proceso de producción no es satisfactorio. Sin embargo, los resultados de las inspecciones precedentes no se incorporan específicamente al criterio de aceptación, sino que sólo dan lugar a cambios de un plan de muestreo a otro.

En los **planes de muestreo basados en resultados acumulados**, las reglas de decisión se van modificando en función de los resultados que se van obteniendo de la inspección. El objetivo de estos planes es minimizar el coste de inspección, manteniendo una protección razonable. En general, los planes basados en resultados acumulados requieren que se den ciertas condiciones, para ser aplicados de forma satisfactoria:

- El lote inspeccionado forma parte de una serie continua.

- Se espera que los lotes sean de calidad similar.

- El consumidor no tiene razones para creer que el lote que se inspecciona sea de peor calidad que los precedentes.

- El consumidor tiene confianza en el productor, en el sentido de que no aprovechará los resultados favorables de la inspección para suministrar lotes de calidad inferior.

Entre estos planes, los más usados son los **planes de muestreo en cadena**, abreviadamente ChSP (*chain sampling plans*), y los **planes *skip-lot***, abreviadamente SkSP. Los planes de muestreo en cadena ligan la decisión sobre un lote a los resultados de la inspección de los lotes precedentes, de forma que los resultados de las sucesivas inspecciones se combinan obteniendo un efecto equivalente al proporcionado por el muestreo con tamaños mayores de muestra. Estos planes tratan de cubrir situaciones en las cuales, por razones de coste, el tamaño de muestra debe ser pequeño, lo que obliga a escoger planes de aceptación cero, que tienen poco poder de discriminación.

En los planes *skip-lot* la inspección se realiza sólo sobre una fracción de los lotes. La fracción depende del resultado de la inspección en los lotes precedentes. Se usan cuando los resultados de la inspección sobre una serie de lotes han proporcionado suficiente evidencia como para considerar que el proceso de producción opera de forma estable a un nivel satisfactorio. Pueden hallarse planes de muestreo de este tipo en la norma ANSI/ASQC S1 o en la tercera parte de la norma ISO 2859.

Entre los planes basados en resultados acumulados, ocupan un lugar especial los **planes de muestreo en continuo**, abreviadamente CSP (*continuous sampling plans*), que se usan cuando el producto no se recibe agrupado en lotes diferenciados, sino en un flujo continuo de unidades. Estos planes alternan la inspección 100% con el muestreo, en función de la calidad observada. La manera de trabajar de estos planes es muy similar a la de los planes *skip-lot,* con la diferencia de que en lugar de lotes se consideran aquí unidades. De hecho, los planes *skip-lot* fueron desarrollados a partir de los planes de muestreo continuo.

Los primeros planes de muestreo continuo fueron propuestos por Dodge en 1943, y con el tiempo han pasado a conocerse por las siglas CSP-1. Estos planes estaban tabulados por AOQL, es decir, para ser usados en la inspección con rectificación. Dodge y M. N. Torrey introdujeron en 1951 nuevas variantes, conocidas como CSP-2 y CSP-3, para cubrir situaciones en las que la aparición de defectos de poca importancia no justifica el paso a la inspección 100%. La norma MIL-STD-1235 incluye cinco tipos de planes: los CSP-1 y CSP-2 citados anteriormente, y otros tres, CSP-F, CSP-T y CSP-V, a fin de ofrecer una mayor flexibilidad para adaptarse a situaciones reales.

Básicamente hay dos tipos de planes de muestreo continuo, según se autorice o no alguna unidad no conforme antes de volver a la inspección 100%. En los planes más sencillos (*simple continuous sampling*), como los de la tabla CSP-1, se inicia la inspección al 100%, y se prosigue hasta hallar $i$ unidades conformes consecutivas. Entonces se pasa a inspeccionar solamente una fracción $f$ de las unidades. Cuando se halla una unidad no conforme, se vuelve a la inspección 100% hasta haber hallado $i$ unidades conformes consecutivas, y así sucesivamente.

En otros planes de muestreo en continuo no se vuelve inmediatamente a la inspección 100% después de hallar una unidad no conforme (*continuous sampling allowing a defective*).

---

Distribución binomial

Da la probabilidad de obtener $x$ veces un resultado cuya probabilidad es $p$, realizando $n$ pruebas independientes. Sea $X$ = número de no conformidades en una muestra de tamaño $n$; la probabilidad de obtener $x$ no conformidades.

---

La distribución binomial puede aplicarse al cálculo de probabilidades de aceptación en la inspección por muestreo, suponiendo que la muestra se extrae de un conjunto muy grande, de modo que podamos considerar que las extracciones sucesivas son independientes. Como antes, la probabilidad de aceptación $Pa$ se obtiene sumando las probabilidades $Px$ desde $x = 0$ hasta $x = Ac$.

**Nota**: Puede probarse que la fórmula hipergeométrica da como límite la binomial cuando $N$ es muy grande y $d/N = p$, por lo que en la práctica la binomial se usa para aproximar la hipergeométrica cuando $n/N < 0.1$.

Distribución de Poisson

Da la probabilidad de que un suceso esporádico, como la aparición de una disconformidad, se dé $x$ veces en un intervalo de tiempo dado o en una muestra de tamaño dado. Para que sea válida se ha de suponer que el número medio de veces que se da ese suceso es una constante y que sus apariciones son independientes entre sí.

Sea $X$ = número de no conformidades por unidad; la probabilidad de $x$ no conformidades por unidad.

Sumando $Px$ desde $x = 0$ hasta $x = Ac$ se obtiene la probabilidad de aceptación en la inspección por muestreo.

Nota: La fórmula de Poisson se utilizaba clásicamente como aproximación de la binomial para $n$ grande y $p$ pequeña ($n > 20$ y $np < 5$), pero con los medios de cálculo disponibles actualmente estas aproximaciones han perdido interés.

**REFLEXIONES:**

*¿Cómo se debe extraer la muestra? ¿Qué quiere decir que una muestra es aleatoria? ¿Qué se ha de hacer para que lo sea? ¿Es esencial que la muestra sea aleatoria? ¿Cuál debe ser el tamaño de la muestra?*

**REFLEXIONES:**

*¿Está Vd. de acuerdo con los criterios con los cuales se va a decidir la aceptación o rechazo de un lote? ¿Cuál debe ser el número máximo de disconformidades para aceptar un lote?*

**REFLEXIONES:**

*Así pues, ¿es aconsejable usar las tablas MIL-STD-105 o hay otra alternativa basada en principios estadísticos sólidos?*

**REFLEXIONES:**

*¿No puede reducirse el tamaño de muestra? ¿Qué se pierde en tal caso?*

**REFLEXIONES:**

Dionisio Álvarez Vilchis;

Carlos Alberto Balbuena Campuzano

*¿Cómo se establece el valor del AQL y qué garantías proporciona el uso de un AQL determinado? ¿Garantiza el sistema sostenible MIL-STD-105 que el porcentaje de unidades no conformes en los lotes aceptados no supere el valor del AQL?*

**REFLEXIONES:**

*¿Cree Vd. que tienen sentido estas operaciones con el tamaño de muestra y el número de aceptación cuando un lote esté dividido en varios segmentos?*

**REFLEXIONES:**

*¿Está Vd. de acuerdo con esta decisión?*

**REFLEXIONES:**

*¿Por qué pasa esto? ¿No hay forma de evitarlo? ¿No hay garantías de que al repetir una inspección realizada con un plan del MIL-STD-105 el resultado va a ser el mismo?*

**REFLEXIÓN FINAL:**

*¿Son correctos los argumentos que han conducido a nuestros directivos a adoptar este plan de inspección? ¿Hay un procedimiento mejor?*

*Conclusión:* Puede observarse que hay diferencias utilizando la distribución hipergeométrica y la binomial. El procedimiento correcto para caso de muestra pequeña sería utilizar la distribución hipergeométrica puesto que el tamaño del lote no es suficientemente grande.

El nivel de calidad aceptable es el porcentaje no conforme que se considera aceptable en la inspección. Se designa por AQL (*acceptable quality level*). El AQL es una indicación que se da al productor, y depende de criterios económicos y técnicos. Al usar este parámetro, es importante tener bien claro lo que significa, ya que, de lo contrario, puede generar expectativas sin fundamento. El AQL puede ser cualquier valor de $p$ para el cual la probabilidad de aceptación sea alta (en general superior al 90%). Normalmente se escoge del 0,95.

*Indicar el plan de muestreo (para inspección rigurosa) que propone la ISO 2859 1ª parte si se quieren inspeccionar lotes de N=20.000 unidades de forma continuada y el nivel de calidad aceptable (AQL) pactado con el proveedor es de 0,25% no conformidades.*

Para escoger un plan de muestreo, la norma la ISO 2859 propone que a menos que se indique lo contrario se utilizará la inspección para usos generales nivel II.

Dionisio Álvarez Vilchis;

Carlos Alberto Balbuena Campuzano

Mirando la tabla 3.1 del capítulo 2 (Módulo 2), para un lote de tamaño $N=20.000$ unidades le corresponde la letra código M.

Para la letra código M, para inspección rigurosa, mirando la tabla 3.4 del capítulo 2, le corresponde para un AQL=0,25% el plan de muestreo $n=315$ Ac=1

1. *Indicar el plan de muestreo (para inspección normal) que propone la ISO 2859 1ª parte si se quieren inspeccionar lotes de $N=700$ unidades de forma continuada y el nivel de calidad aceptable (AQL) pactado con el proveedor es de 0,15% no conformidades.*

Para escoger un plan de muestreo, la norma la ISO 2859 propone que a menos que se indique lo contrario se utilizará la inspección para usos generales nivel II.

Mirando la tabla 3.1 del capítulo 2 (Módulo 2), para un lote de tamaño $N=700$ unidades le corresponde la letra código J.

Para la letra código J, para inspección normal, mirando la tabla 3.4 del capítulo 2, le corresponde para un AQL=0,15% el plan de muestreo $n=80$ Ac=0.

2. *Indicar el plan de muestreo (para inspección reducida) que propone la ISO 2859 1ª parte si se quieren inspeccionar lotes de $N=500$ unidades de forma continuada y el nivel de calidad*

*aceptable (AQL) pactado con el proveedor es de 1% no conformidades.*

Para escoger un plan de muestreo, la norma la ISO 2859 propone que a menos que se indique lo contrario se utilizará la inspección para usos generales nivel II.

Mirando la tabla 3.1 del capítulo 2 (Módulo 2), para un lote de tamaño $N$=500 unidades le corresponde la letra código H.

Para la letra código H, para inspección reducida, mirando la tabla 3.3 del capítulo 2, le corresponde para un AQL=1% el plan de muestreo $n$=20 Ac=0 y Re=2, lo que indica que en caso de detectar una unidad no conforme se acepta el lote y se restablece la inspección normal.

3. *Con el plan escogido en el ejercicio 9 determinar ¿cuál sería la probabilidad de aceptar un lote de N=500 con 50 no conformidades?*

La proporción de no conformidades del lote es $p$=50/500=0,10.

Dionisio Álvarez Vilchis;

Carlos Alberto Balbuena Campuzano

Sea $X$ la variable aleatoria "número de no conformidades en una muestra de tamaño $n=20$". Por ser $10n<N$ podemos aproximar $X$ por la distribución binomial de parámetros $n=20$ y $p=0,10$. La probabilidad de aceptar el lote con un 10% de no conformidades.

Obsérvese que se ha hecho el cálculo de la probabilidad de aceptar el lote con el plan de muestreo n=20 Ac=1 ya que en el apartado anterior para inspección reducida, mirando la tabla 3.3 del capítulo 2, le corresponde para un AQL=1% el plan de muestreo $n=20$ Ac=0 y Re=2, lo que indica que en caso de detectar una unidad no conforme se acepta el lote y se restablece la inspección normal.

**Módulo 3. Control estadístico de proceso**

**Capítulo 1.**

**Introducción Capítulo**

**2. Gráficos de control**

2.1 Algunas fórmulas de los gráficos de control
2.2 Primeras ideas de los gráficos de control
2.3 Variantes de los gráficos de control
2.4 Límites de control
2.5 Pautas en los límites de control

**Capítulo 3. Capacidad de un proceso**

3.1 Variantes en la expresión de la capacidad
3.2 Índices de capacidad
3.3 Validez de los índices

**Capítulo 4. Gráficos de control para variables**

4.1 Gráficos de control para subgrupos

4.2 Gráficos $\bar{X}/R$ y $\bar{X}/s$
4.3 Gráficos para observaciones individuales

**Capítulo 5. Gráficos de control para atributos**

# 1. INTRODUCCIÓN

Este módulo trata sobre la construcción e interpretación de los **gráficos de control**. La mayor parte de ellas está dedicada a los gráficos de control clásicos, que fueron diseñados por W. E. Shewhart en los años 20 y a los que modernamente denominamos **gráficos de Shewhart**.

Los métodos que presentamos se ilustran con su aplicación a cinco ejemplos de proceso, que se han considerado representativos y que se describen brevemente en este capítulo. Tanto las tablas como los gráficos que se han incluido en estas notas, han sido preparados en hojas de cálculo Excel.

La terminología estadística que se usa es completamente estándar y no difiere de la que se pueda hallar en cualquier manual de control estadístico de proceso. En este sentido, estas notas son autosuficientes.

En el anexo A1 del módulo 1 se incluyen unas notas históricas sobre la evolución del control estadístico de la calidad, desde Shewhart hasta hoy. Confiamos en que estos apuntes, respaldados por las referencias bibliográficas que se dan al final, resulten suficientes para los lectores que deseen adquirir una perspectiva histórica de los gráficos de control.

Hemos incluido en la bibliografía las normas americanas, británicas e internacionales que se ocupan de los gráficos de control y algunos artículos que pueden ayudar a los lectores a profundizar en algún aspecto que nosotros tratamos muy por encima, como la relación entre los métodos SPC y el control automático de proceso.

En este primer capítulo daremos un repaso a las nociones básicas del control de proceso, algunas de ellas introducidas en el módulo 1, a fin de dejarlas bien claras y establecer la terminología del lenguaje del control de proceso, que se usará con frecuencia en estas notas. El concepto de **proceso** es fundamental en la empresa contemporánea. En los orígenes del control de la calidad (años 20), el término proceso se usaba para designar un proceso de fabricación, que implicaba operarios, máquinas, materias primas, etc. Poco a poco el concepto fue adquiriendo mayor alcance, extendiéndose a los procesos de soporte o de servicio.

En el lenguaje empresarial de hoy, proceso es la transformación de unos elementos de entrada o *inputs* en unos elementos de salida o *outputs*. Un proceso puede subdividirse en **subprocesos**, o fases, según convenga desde el punto de vista práctico.Se denomina **producto** al resultado de un proceso. Controlar un proceso significa gestionarlo de modo que el producto sea predecible y satisfactorio.

Cuando se alcanza tal situación, se dice que el proceso está en **estado de control**. El **control de un proceso** es el conjunto de actividades que se realizan para controlarlo. Cuando el control de un proceso se lleva a cabo según un programa predefinido, a éste se le denomina **plan de control del proceso**. La existencia del plan de control no presupone que haya un documento único, con ese nombre u otro, que lo describa.

El objetivo del control de proceso es conseguir que se satisfagan de forma continuada unos **requisitos**. Los requisitos hacen referencia al proceso en sí (al modo en que se realiza la transformación) o al producto. El documento que recoge estos requisitos (si existe) se denomina **especificación** (de proceso o de producto). En caso de cumplirse los requisitos especificados, se habla de proceso o producto **conforme**. Una especificación debe indicar, en la medida de lo posible, cómo puede verificarse la conformidad.

Una estrategia clásica del control de proceso consiste en el seguimiento, a lo largo del tiempo, de uno o varios **indicadores** relacionados con él. Los **gráficos de control**, de los que trataremos en estas notas, constituyen una herramienta sencilla para realizar este seguimiento. La denominación **control estadístico de proceso**, abreviadamente SPC (*statistical process control*), se refiere al uso de los gráficos de control y las fórmulas estadísticas asociadas a ellos en el control de la producción.

Un gráfico de control muestra la evolución, a lo largo del tiempo, de un indicador. Los indicadores usados pueden ser:

- Parámetros de proceso, como temperatura, tiempo de reacción, etc.

- Medidas de eficiencia cíclica, como rendimiento, coste, consumo, mermas, etc.

- Resultados de la inspección del producto

En la última parte de este capítulo daremos algunos ejemplos de procesos y de indicadores adecuados para el control de esos procesos.

Las causas o condiciones que influyen sobre la transformación que constituye la esencia de un proceso se denominan genéricamente **factores del proceso**. Factores típicos en los procesos industriales son las materias primas, el medio ambiente y los operarios. Los factores del proceso no actúan siempre de la misma forma, lo que da lugar a fluctuaciones en los indicadores a través de los cuales "vemos" el proceso. La expresión **variabilidad del proceso** alude a este hecho.

Decimos que un proceso está en **estado de control estadístico** (respecto a un indicador) cuando su variabilidad sigue una pauta conocida y consistente en el tiempo. El significado exacto de esta definición para cada caso particular depende de la naturaleza del proceso y del indicador usado. Un proceso en estado de control estadístico es predecible, en el sentido de que podemos predecir el intervalo de valores dentro del cual oscilará el indicador considerado.

Decimos que un proceso es **capaz** (respecto a un indicador y unos requisitos relativos a ese indicador) cuando del estudio de su variabilidad se concluye que podemos esperar que satisfaga los requisitos de forma continua a lo largo del tiempo. No tiene sentido discutir la capacidad de un proceso que no esté en estado de control estadístico para el indicador correspondiente, ni sin especificar el indicador a que nos referimos, ya que un proceso puede ser capaz para un indicador, pero no serlo para otro.

Presentamos a continuación algunos ejemplos que ilustran las distintas clases de proceso.

Ejemplo 1: Fabricación de hojas de acero

Una industria del sector metalúrgico produce hojas de acero. Para ello se prensa una lámina de acero entre dos rodillos y después se corta para conseguir las dimensiones deseadas. En el proceso de prensado se utiliza como indicador el grosor de las hojas, que se mide con un micrómetro.

Ejemplo 2: Servicio de atención al cliente

En una empresa se ha organizado un servicio telefónico de atención al cliente. Como indicador se utiliza el porcentaje de llamadas que son contestadas antes de que suene la tercera señal. Tanto en este ejemplo como en el anterior tenemos un proceso en el que el producto consiste en un conjunto de unidades, cada una de las cuales puede ser conforme o no a la especificación. El caso más simple, cubierto en todos manuales de control estadístico de proceso (algunos parecen considerar únicamente éste), es aquel en el cual las unidades se producen de la misma forma, una después de otra. En estos procesos todos los factores tienen la posibilidad de actuar en el intervalo de tiempo que media entre dos unidades consecutivas.

Ejemplo 3: Fabricación de ferritas

En la fabricación de ferritas hay una primera fase, que podemos denominar proceso de prensado, en la cual una prensa transforma un polvo compuesto por una mezcla de óxidos en unas unidades sólidas. La prensa tiene uno o varios moldes y en cada golpe arroja tantas unidades como moldes tiene.

El número de golpes por minuto es elevado. Se utilizan como indicadores las dimensiones y el peso de cada unidad.

Hay procesos, como el de este ejemplo, en los que las unidades no se producen una después de otra del mismo modo. Por ejemplo, consideremos una máquina con varias posiciones (orificios, cavidades de un molde, etc.) en las que tiene lugar una transformación de las unidades del producto. Las unidades que provienen de distintas posiciones pueden presentar diferencias entre ellas, a causa de que la transformación no se realiza exactamente del mismo modo en las diferentes posiciones. Estas diferencias siguen a veces una pauta consistente en el tiempo, pero otras veces no. Para analizar la variabilidad de este tipo de procesos hay que tener en cuenta las dos fuentes que la originan. Una da lugar a diferencias entre unidades producidas en distintas posiciones y la otra a diferencias entre unidades de la misma posición. A pesar de que esta situación es muy frecuente en la industria, ya que permite mayor productividad, es esquivada en la mayoría de los manuales de control estadístico de proceso. La expresión **proceso multiposicional** alude a este tipo de proceso.

Ejemplo 4: Tejido para asientos de automóvil

En una industria textil, uno de los productos es un tejido para el revestimiento de asientos de automóvil. El tejido se produce en continuo y se suministra al cliente en bobinas de 100 metros. Como indicador se utiliza el número de defectos por metro. En los **procesos continuos**, o procesos de fabricación en continuo, no se producen unidades individuales, sino un flujo continuo de material.

Ejemplo 5: Fabricación de productos químicos

En una industria química, uno de los productos con mayor facturación es un producto para tratamiento de superficies. Este producto se fabrica en un reactor donde se mezclan diversos componentes en condiciones especificadas. Cada *batch* constituye un lote del producto. Uno de los indicadores que se utilizan para el seguimiento de este producto es el pH de un lote, que se obtiene analizando una muestra extraída del reactor antes de su descarga.

Un **proceso en *batch*** es una transformación por la que se obtiene una cierta cantidad del producto, denominada *batch*, en las mismas condiciones. El *batch* puede presentar una variabilidad interna, con lo que no tendría sentido tratar de definirlo mediante una sola medición, a menos que ésta se realice sobre una muestra compuesta. Si la variabilidad interna es pequeña frente a la variabilidad entre *batches*, se puede tratar cada *batch* como si fuera una unidad separada. En la fabricación en *batch* se realizan a veces cambios frecuentes de producto, que pueden hacer inútil el seguimiento mediante gráficos de control, a menos que se use como indicador una característica o parámetro de proceso común a varios productos. Este hecho y la existencia de variabilidad interna hacen que no pueda darse un método general para el seguimiento de los datos de un proceso en *batch*.

Dionisio Álvarez Vilchis;

Carlos Alberto Balbuena Campuzano

La desviación estándar $s$ y el recorrido $R$ son dos formas alternativas de evaluar la variabilidad de $X$. Si sumamos una constante a todos los datos, su valor no se altera, pero si los multiplicamos por un factor constante, la desviación estándar y el recorrido quedan multiplicados por ese factor. $s$ y $R$ tienen sus ventajas e inconvenientes:

- El recorrido es más sencillo de calcular, y mucho más fácil de entender, que la desviación estándar.

- El recorrido sólo tiene en cuenta los dos valores extremos, mientras que la desviación estándar considera todos los datos. Por consiguiente, el recorrido es menos aconsejable a medida que aumenta el número de datos, ya que su uso involucra pérdida de información. De hecho, sólo se usa cuando el número de datos es pequeño (5 o 6 como máximo).

- La interpretación del valor de $R$ depende del número de datos a partir de los que se ha obtenido, ya que no puede esperarse la misma magnitud para un recorrido de 5 datos que para uno de 2. En cambio, se puede usar el valor de $s$ independientemente del número de datos. En la práctica, se usa a veces el recorrido para series de datos pequeñas, pero para su interpretación siempre se transforma previamente en una desviación estándar, como veremos en el capítulo 4.

**NOTA.** La desviación estándar, tal como la hemos definido aquí, se denomina, si hay riesgo de confusión, *desviación estándar muestral* o, en el contexto de las ciencias experimentales, *desviación estándar experimental.* La desviación estándar muestral no debe confundirse con la de una población, que es un parámetro estadístico que se usa cuando se conocen todos los valores de una variable $X$ para una población (finita) de $N$ individuos.

### 1.1 Primeras ideas sobre los gráficos de control

El gráfico de control es la herramienta básica del control estadístico de proceso. Su empleo permite comparar los datos de un indicador de un proceso con unos límites fijados a partir de un estudio de la variabilidad del proceso o de requisitos previamente establecidos. En un gráfico de control se representan los valores de algún estadístico, calculado a partir de datos del proceso recogidos a lo largo de un período de tiempo. Hay varios tipos de gráficos de control, según el estadístico que se use para elaborarlos y la forma de establecer los límites.

En los gráficos de control típicos, además de los puntos que representan los valores del estadístico correspondiente, unidos por una línea quebrada, se dibujan tres líneas horizontales que ayudan a la interpretación del gráfico:

- La **línea central**, asociada al valor medio del estadístico utilizado.

- Los **límites de control**, superior e inferior, situados a ambos lados de la línea central y, en la mayoría de los casos, equidistantes de ella.

- A través de mediciones de una característica medible del producto (longitud, peso, etc.) o de un parámetro del proceso (temperatura, presión, etc.). Los gráficos de control que se usan en este caso son los **gráficos de control por variables**.

- Contando las unidades no conformes o las no conformidades (incumplimientos de uno o varios requisitos). Hablaremos de **control por la proporción de unidades no conformes**, y en el segundo de **control por el número de no conformidades**. Ambas situaciones quedan dentro de lo que se llama **control por atributos**.

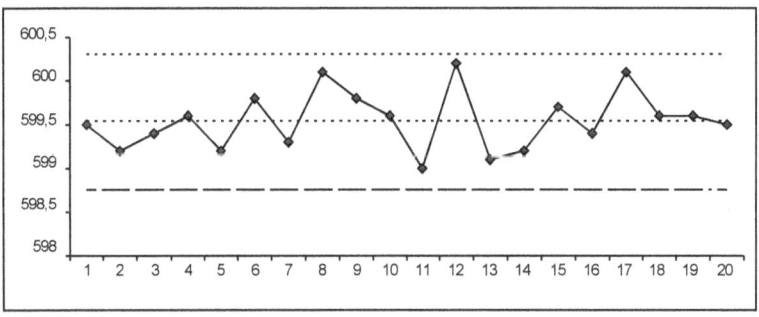

*Figura 2.1 Gráfico de control para las medias*

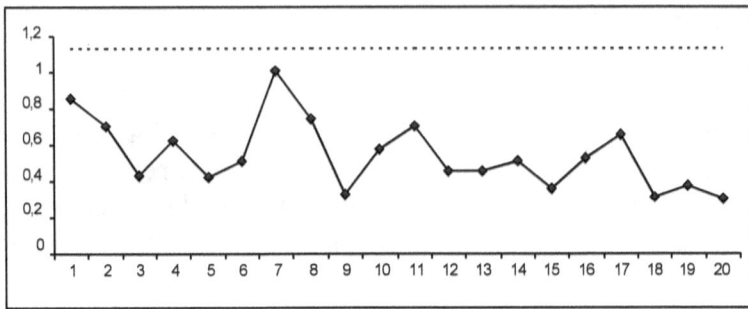

*Figura 2.2. Gráfico de control para las desviaciones estándar.*

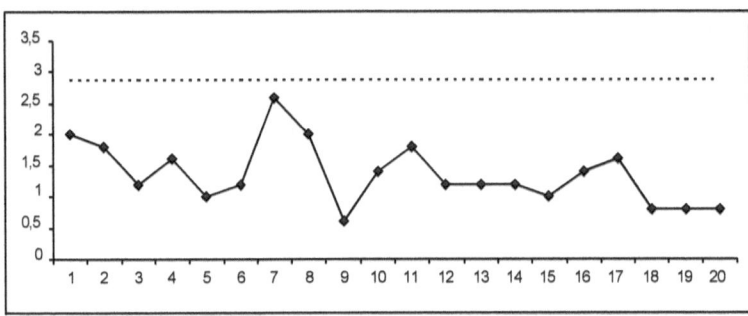

*Figura 2.3. Gráfico de control para los recorridos*

En el control por variables se trabaja con más información que en el control por atributos y, por consiguiente, el número de observaciones que se realizan es menor. No obstante, el control por atributos es más sencillo.

Dionisio Álvarez Vilchis;

Carlos Alberto Balbuena Campuzano

## 1.2 Variantes de los gráficos de control

En el control por variables el indicador es una característica medible cuyos valores se obtienen mediante la inspección de muestras del producto o se extraen de los registros de un parámetro de proceso. Para una característica medible, la especificación se concreta en la definición de una **zona de tolerancia**, que es la zona de valores dentro de la cual el valor de la característica se considera aceptable. La zona de tolerancia viene definida por uno o dos **límites de tolerancia**. Cuando hay límite superior e inferior, se llama **tolerancia** a la diferencia entre ambos.

El rasgo esencial de esta variante del control de proceso, desde el punto de vista matemático, es que estas variables pueden variar de forma continua, de modo que todos los valores de un intervalo son posibles. Naturalmente, esto sólo es así en teoría, ya que, en la realidad, el instrumental usado en las mediciones sólo permite obtener un conjunto finito de valores. Sin embargo, en la mayoría de los casos el uso de variables continuas proporciona una aproximación razonable y simplifica el tratamiento matemático.

La inspección por atributos consiste en verificar la presencia o ausencia de alguna característica o atributo en la muestra de producto que se inspecciona. Los datos a partir de los cuales se elaboran los gráficos de control se obtienen al contar las no conformidades presentes en la muestra y en estado primario son números naturales (0, 1, 2, etc.), aunque se pueden transformar, por ejemplo, en porcentajes para facilitar su interpretación.

Una primera variante del control por atributos se ocupa de la proporción de unidades no conformes que se halla en muestras extraídas de la producción. La proporción de unidades no conformes es el cociente de dividir el número de unidades no conformes por el número de unidades inspeccionadas. Esta variante de control por atributos tiene cuando el producto está formado por unidades discretas, que se pueden clasificar en conformes y no conformes en base a la especificación.

El modelo teórico para estas variables es la **distribución binomial**, con un parámetro $p$ que se interpreta como la proporción de unidades no conformes producida por el proceso. El número medio de unidades no conformes en una muestra de tamaño $n$ es $np$. En esta variante del control de estadístico de proceso sólo se usa un gráfico, en el que sigue la evolución de $p$ (o $np$) a lo largo del tiempo.

Dionisio Álvarez Vilchis;

Carlos Alberto Balbuena Campuzano

Por definición, la proporción de unidades no conformes está comprendida entre 0 y 1. Si la multiplicamos por 100 obtenemos el porcentaje. El uso de porcentajes es común en el lenguaje coloquial, pero desde el punto de vista estadístico, el multiplicar las proporciones por 100 es irrelevante. A veces se usa el símbolo $p$ para designar porcentajes. Por ejemplo, en las tablas de muestreo MIL-STD- 105 (v. Módulo 2), $p$ es el porcentaje de unidades no conformes. Sin embargo, en este módulo, $p$ siempre designa una proporción.

Una segunda variante del control por atributos se ocupa del número de no conformidades halladas en muestras extraídas de la producción. El modelo teórico es, en este caso, la **distribución de Poisson** (v. Anexo A6), con un parámetro $c$ que se interpreta como el número medio de no conformidades por muestra. Como en el caso anterior, se usa un único gráfico de control para seguir la evolución de $c$.

El control por el número de no conformidades se utiliza típicamente en dos situaciones:

- Para el *hardware* y los servicios, en el caso en que cada unidad pueda presentar más de una no conformidad e interese el número de éstas, no el de unidades no conformes.

- En material procesado en continuo que se inspecciona por atributos, como cable, papel, tejido, etc.

Si existen "unidades, el número medio de no conformidades por unidad, en una muestra de tamaño $n$, es $u = cln$. En los materiales continuos no hay "unidades, pero la definición también tiene sentido. Para ello se toma como unidad un segmento o área de producto, de forma que las muestras consideradas sean mayores que estos segmentos. Por ejemplo, en la fabricación de un tejido podemos considerar el número de defectos por metro.

En ciertos productos interesa distinguir las no conformidades según su gravedad. Para ello se asigna, a cada clase de no conformidad, un coeficiente o peso $w$, que se interpreta como el número de **deméritos** que corresponde a una no conformidad de esa clase. Al inspeccionar una muestra de producto, se multiplica el número de no conformidades de cada clase halladas en la inspección por su peso, sumando los resultados para obtener el número total de deméritos de la muestra. El proceso se evalúa por el número medio de deméritos por muestra (o unidad).

Habitualmente, en la asignación del peso $w$ a una clase de no conformidades se tiene en cuenta el impacto que produce sobre el cliente o usuario del producto. Por tanto, los deméritos no son algo intrínseco, sino que dependen principalmente del destino que se dé al producto.

En una situación estándar, podemos dividir las no conformidades en cuatro clases:

- **Críticas**. Las que representan un peligro para la integridad del usuario o que afectarán con seguridad al rendimiento del producto. Podemos asignarles un peso $w = 50$.

- **Mayores**. Las que afectarán probablemente al rendimiento del producto, o que son causa de que el usuario tenga que efectuar correcciones. Ahora $w = 10$.

- **Menores**. Las que pueden causar fallos en el servicio, pero el producto podrá realizar su función principal. Su aparición reiterada podría inducir al usuario a comprar el producto a la competencia. En este caso, $w = 5$.

- **Intrascendentes**. Las que no son advertidas por el usuario cuando se presentan de forma aislada, pero su aparición reiterada podría inducir al usuario a adquirir el producto a la competencia en el futuro. Podemos asignarles $w = 1$.

  En otros casos, los pesos son 100, 50, 10 y 1, como en un sistema sostenible usado por AT&T. Otro ejemplo es el sistema sostenible usado por Peugeot en sus auditorías internas, en las que se asigna $w = 3$ a los defectos aceptados por el comprador medio, $w = 5$ a los defectos importantes que el comprador medio no admitiría, y $w = 15$ a defectos más notorios, que serían detectados con toda seguridad por cualquier cliente.

## 1.3 Límites de control

Los límites de control son valores con los que se comparan los del estadístico cuyo seguimiento se realiza en el gráfico de control. La comparación puede tener dos fines distintos:

- Proporcionar un criterio de advertencia para intervenir en el proceso, corrigiendo su funcionamiento. Para ello es preciso que los límites de control se establezcan de antemano, de forma que, al ir añadiendo puntos al gráfico, se pueda ver la posición de cada punto respecto a los límites. Diremos en este caso que el gráfico tiene **límites de control prefijados**. Los límites prefijados se establecen a partir de datos anteriores, sean de un estudio previo o de otros gráficos. A veces, no son sólo el resultado de un análisis estadístico, sino que representan un compromiso entre la variabilidad observada en el proceso y los requisitos especificados.

- Servir de base para juzgar si el proceso está en estado de control estadístico. En este caso, lo normal es que los límites se calculen a partir de los propios datos, cuando se disponga de todos ellos. Hablamos entonces de **límites de control calculados**.

Obsérvese que, con límites de control prefijados, se puede ir trazando el gráfico a medida que se va disponiendo de los datos, mientras que para los límites calculados hay que esperar a tenerlos todos.

Se puede usar un gráfico con límites prefijados como instrucción de trabajo gráfica, para decidir cuándo se debe intervenir en el proceso. No es aconsejable establecer instrucciones de este tipo sin un estudio previo del proceso por alguien con una cierta experiencia en el análisis de gráficos de control, ni sin que el proceso haya alcanzado el estado de control estadístico.

Un punto fuera de la banda de control definida por los límites (punto fuera de control) puede dar lugar, si así lo establece el procedimiento de control, a una intervención, que puede consistir en:

- La identificación de la causa de la aparición de ese punto

- El ajuste del proceso

- La interrupción del proceso

Naturalmente, para que estas intervenciones tengan sentido es necesario que al establecer los límites de control se haya tenido en cuenta cuál es la variabilidad "natural" del proceso, que puede determinarse mediante un estudio de capacidad como los que veremos en el capítulo 3. De lo contrario, si la banda de control fuera demasiado estrecha, se producirían "falsas alarmas, que darían lugar a intervenciones innecesarias.

Los límites calculados se obtienen mediante fórmulas escogidas, de forma que, si hay puntos más allá de los límites, pueda considerarse que el valor del parámetro cuyo seguimiento se realiza con el gráfico puede haber cambiado. Los gráficos de control con límites calculados son una herramienta del análisis de procesos y normalmente se construyen a *posteriori* (es decir, cuando ya se tienen los datos) con el fin de analizar el comportamiento del proceso, ver cuál es su variabilidad, y si ésta presenta una pauta consistente en el tiempo. Su objeto es verificar el estado de control estadístico y la capacidad del proceso o, en caso negativo, ayudar al diagnóstico sobre las medidas que se deben tomar.

## Ejemplo

En el gráfico de la figura 2.1 se ha usado, para la línea central, el valor medio de todos los Datos, x=599,545, que coincide con la media de los valores de la columna de medias de la tabla 2.1, y los límites de control UCL=600,32 Y LCL=598,77 se han obtenido a partir de los datos por un procedimiento que veremos en el Capítulo 4.

En el gráfico de la figura 2.2 se ha usado para la línea central la desviación estándar media, $s$ =0,544, y el límite de control superior (calculado), UCL = 1,14, se ha obtenido por un procedimiento que veremos más adelante. En el de la Figura 2.3 se ha usado para la línea central el recorrido medio, $R$ =1,36, y el límite de control superior (calculado) es UCL = 2,88.

Dionisio Álvarez Vilchis;

Carlos Alberto Balbuena Campuzano

## 1.4 Pautas en un gráfico de control

Además de verificar que todos los puntos están entre
los límites de control, es interesante examinar si
aparecen de ciertas pautas en los gráficos de control.
La idea es simple: un proceso en estado de control
debe parecerse lo más posible a un fenómeno
puramente aleatorio, y por consiguiente cualquier
pauta que podamos descubrir en un gráfico de control
puede ser un síntoma de la actuación de una causa que
nos interese identificar.

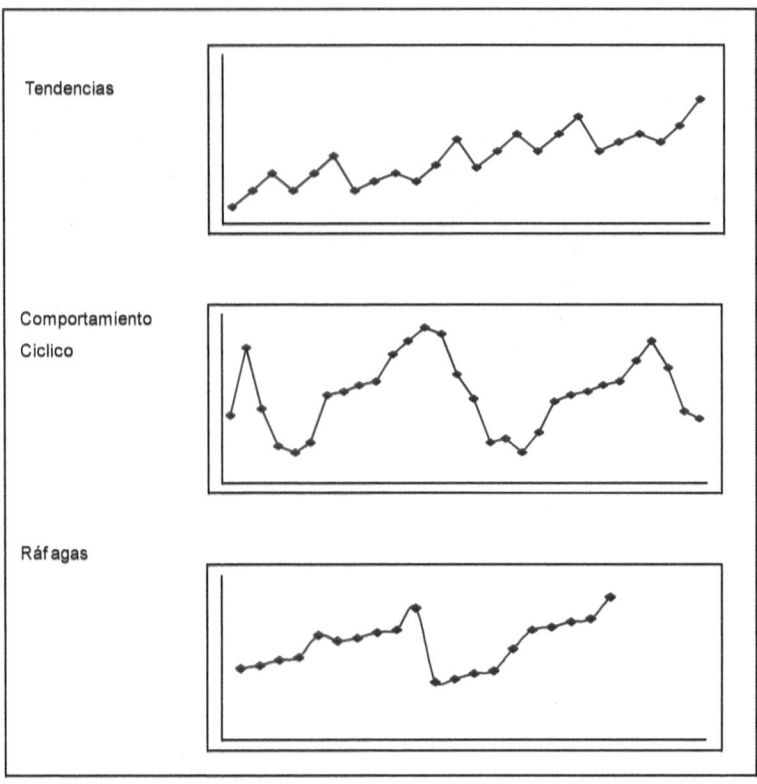

*Figura 2.4 Pautas en un gráfico de control*

Dionisio Álvarez Vilchis;

Carlos Alberto Balbuena Campuzano

Una de las pautas más sencillas de detectar es la **racha**. La racha es una serie interrumpida de puntos por encima o por debajo de la línea central. Si la línea central se ha escogido de forma que sea igualmente probable encontrar un punto por encima de la línea central como por debajo, la probabilidad de hallar una racha larga es pequeña. Por consiguiente, la aparición de una racha sugiere un cambio en el proceso. Aunque no hay unanimidad, en general se considera que una racha de siete u ocho puntos es una evidencia en contra del estado de control estadístico. La última de las reglas de Western Electric, que veremos a continuación, prohíbe las rachas de ocho puntos.

Una **tendencia** en un proceso se detecta por la presencia de una serie interrumpida de puntos del gráfico en sentido ascendente o descendente. Las tendencias pueden corresponder a una **deriva** en las instalaciones de fabricación, en los mecanismos de regulación o en los instrumentos de medida, y su detección precoz es importante, de cara a adoptar medidas preventivas. De todos modos, debe tenerse en cuenta que un gráfico de control no siempre es capaz de detectar una tendencia en la forma descrita. Una tendencia puede ser lenta y materializarse en el gráfico por fluctuaciones por encima y por debajo de una cierta curva. Estas tendencias se detectan más claramente en una variante especial de los gráficos de control, los gráficos de control para la media móvil.

El **comportamiento cíclico** de un proceso se da cuando se va repitiendo en los gráficos de control una cierta pauta a intervalos de tiempo más o menos regulares. Cuando la fabricación está organizada por turnos, se dan con frecuencia comportamientos de tipo cíclico.

Cualquier cosa que pueda verse en un gráfico de control es interesante, si se puede interpretar sobre el proceso. En cualquier caso, debe tenerse presente que al aumentar el número de pruebas aumenta también la probabilidad de que alguna de ellas "dé positivo" por razones puramente aleatorias. Lo que importa realmente es limitar la variabilidad del proceso, y por tanto, el principal objetivo es mantener el gráfico dentro de la banda de control. Los tests adicionales son interesantes como oportunidad de descubrir algo sobre el proceso que permita la mejora sostenible, pero no como una vía para someterlo a un examen más riguroso.

Además de las reglas de Western Electric, se han propuesto otros conjuntos de pruebas para decidir si un gráfico permite considerar un proceso fuera de control estadístico. Algunos de estos sistemas sostenibles son más sofisticados, y consideran la probabilidad de error al concluir que existe una racha o tendencia. Por ejemplo, en Duncan (2016) se puede encontrar información sobre las probabilidades de aparición de rachas de diferentes longitudes.

Otros sistemas sostenibles con estructura similar al de Western Electric han sido adoptados por distintas organizaciones. Las **reglas Ford**, por ejemplo, adoptadas por Ford para sí misma y para sus proveedores, prohíben en un gráfico de un proceso en estado de control las siguientes pautas:

- Una racha de 7 o más puntos

- Una tendencia de 7 o más puntos

- 2/3 de los puntos del gráfico en el tercio central (zona C)

Las **reglas SAS** deben su nombre a SAS Institute, fabricante de *software* estadístico. El módulo de control de calidad de SAS las usa para realizar un test a los datos usados en un gráfico de control. Las reglas SAS prohíben:

- 9 o más puntos seguidos en la zona C

- Una tendencia de 6 o más puntos

- 14 o más puntos alternando encima y debajo de la línea central

- 2 puntos sobre 3 seguidos en la zona A

- 4 puntos de 5 seguidos en la zona C

- 8 puntos seguidos fuera de la zona C

Otro sistema sostenible es el recomendado por AFNOR, que es una organización francesa de normalización, homóloga de la española AENOR. En las **normas AFNOR** se proponen las siguientes reglas de exclusión:

- 2 puntos de 3 seguidos entre los límites de control y los de vigilancia (zona B)

- Una racha de 9 o más puntos

- Una tendencia de 9 o más puntos

## 2. CAPACIDAD DE UN PROCESO

### 2.1 Variantes en la expresión de la capacidad

El objetivo de un **estudio de capacidad** es verificar que un proceso es capaz respecto a un cierto requisito, que se refiere a un indicador. La capacidad es función de la variabilidad del proceso y, por lo tanto, para analizar la capacidad de un proceso y extraer conclusiones válidas, éste debe hallarse en una situación de control estadístico, es decir, que las pautas que rigen la variabilidad del proceso deben ser conocidas y permanecer estables. Recordemos que un proceso en estado de control estadístico puede no ser capaz, y que puede ser capaz respecto a la especificación de un usuario o cliente, pero no respecto a las de otro, que sea más restrictivo. También puede ocurrir que el proceso cumpla habitualmente la especificación, sin estar en estado de control estadístico.

El estudio de capacidad comporta un contraste entre una evaluación numérica de la variabilidad del indicador considerado y los límites de tolerancia establecidos para ese indicador. Este contraste se denomina **análisis de capacidad**. En el control por variables, el análisis de capacidad da lugar a uno o varios **índices de capacidad**. Por eso, se confunde a veces el análisis de capacidad con el cálculo de los índices de capacidad, que no es sino un aspecto particular.

A veces, en el estudio de la variabilidad de un proceso se han de considerar distintas componentes. En primer lugar, se debe examinar la variabilidad del proceso de medida que genera los datos del indicador que consideramos. La variabilidad generada por el propio proceso de medida representa ya de por sí una limitación a la capacidad del proceso, no en cuanto a sí mismo, sino a cómo lo vemos. Es necesario evaluar esta limitación si se quiere saber realmente lo que el proceso puede dar de sí.

Para tener información válida sobre el proceso que se estudia, la variabilidad del proceso de medida debe ser pequeña comparada con la variabilidad observada en los datos de control de proceso. Por la aditividad de la varianza, la varianza observada es la suma de la varianza del proceso más la de la medida,

En la práctica, esta fórmula implica que, según cuál sea la magnitud relativa de ambas varianzas, la variabilidad del proceso de medida sea irrelevante o, por el contrario, haga justificar que las fluctuaciones observadas en el indicador cuyo seguimiento se realiza se atribuyan al proceso de medida, con lo cual la variabilidad propia del proceso no puede ser evaluada y el análisis de capacidad no es viable.

**NOTA.** En la norma ISO 9001 se exige un análisis previo de la variabilidad de los procesos de medida que intervienen en el aseguramiento de la calidad y que esta variabilidad sea compatible con la capacidad de medida requerida. De hecho, un requisito como éste puede ser considerado como una exigencia de que el proceso de medida sea capaz y, en consecuencia, usar los índices de capacidad que veremos después para evaluar la capacidad del proceso de medida. La norma QS-9000 del sector de automoción propone un sistema sostenible distinto al de los índices de capacidad para evaluar la capacidad del proceso de medida (v. Measurement System Analysis, 2015). Nos ocuparemos del control de los equipos de medida en el módulo 4.

Conviene, asimismo, distinguir entre la variabilidad instantánea de un proceso, que se refiere a resultados separados por un margen muy estrecho de tiempo, y la variabilidad a más largo plazo. En los estudios de capacidad a corto plazo es viable, en general, asumir que el proceso está en estado de control estadístico, pero no así en los estudios a largo plazo, donde hay un margen de tiempo más amplio para que cambien las condiciones en que trabaja el proceso.

El estudio de capacidad a corto plazo es típico del sector de automoción, donde a menudo se le llama **estudio de capacidad de máquina** y, en el contexto de la norma QS-9000 (v. APQP, 2015), forma parte de la validación del proceso de producción de un producto nuevo, El estudio típico de capacidad de máquina se aplica a una máquina que produce unas piezas o componentes, y en él se produce una serie de, por ejemplo, 100 unidades (el número varía en función de diversos factores, pero es mayor que 40) y se evalúa la variabilidad a partir de un histograma (v. más adelante), una desviación estándar o un índice de capacidad. La variabilidad hallada en un estudio tal es la mínima posible y se atribuye a la máquina, de ahí la denominación "capacidad de máquina. Presumiblemente, el proceso presentará más variabilidad en un intervalo de tiempo más largo. El objetivo del **estudio de capacidad de proceso**, que se hace a continuación, es conseguir que la variabilidad del proceso esté lo más cerca posible de esta variabilidad mínima hallada en el estudio de capacidad de máquina.

## 2.2 Índices de capacidad

La condición de proceso capaz se asocia a valores de este índice mayores que 1. Recuérdese que la discusión sólo tiene sentido para procesos en estado de control.

A veces es interesante distinguir entre capacidad de máquina y capacidad de proceso. Se puede distinguir entre ambos índices, designándolos respectivamente por $Cp$, índice de capacidad, y $Pp$, **índice de rendimiento** (*performance*). Esta notación es habitual en la sector de automoción y, en general, se usa para distinguir entre distintos niveles de variabilidad en un proceso, que se atribuyen a factores que interesa diferenciar.

Esta distinción se basa en que si la capacidad de máquina es insuficiente, no tiene sentido esforzarse en intentar obtener del control del proceso más de lo que puede dar de sí. De hecho, el índice $Cp$ debe ser netamente mayor que 1, si tenemos en cuenta que la variabilidad del proceso en la producción real es, normalmente, mayor que la que observamos a corto plazo. Por eso, algunos clientes, medio ambiente y sociedad exigen a sus proveedores índices $Cp$ superiores a 1,33. También es esencial conocer la capacidad de máquina antes de establecer una especificación interna.

Cabe esperar que el índice $Pp$ sea menor que el $Cp$, aunque no mucho, si el proceso está realmente en estado de control. Como los límites de control basados en la regla son muy conservadores, puede darse una diferencia entre ambos índices sin que en los gráficos aparezcan puntos fuera de los límites de control.

El índice $Cpk$ no sólo sirve para controlar que la dispersión del proceso no exceda de lo que sería admisible en relación a la especificación, sino también que el proceso no esté descentrado. El **índice** $Ppk$ puede definirse de forma análoga.

El sistema sostenible de cálculo de los índices de capacidad expuesto aquí se llama, a veces, *analítico*, en oposición a un método gráfico, poco usado actualmente. Este método se basa en un gráfico denominado **recta de probabilidad normal**, o, en el contexto del control estadístico de calidad, **recta de Henry**, que consiste en un conjunto de puntos (uno por dato) que se sitúan en un diagrama XY, sobre un papel especial, llamado *papel probabilístico*, en el que la escala de uno de los ejes se basa en la distribución normal. Ajustando a ojo una recta al conjunto de puntos, se pueden obtener los valores de forma gráfica.

Una ventaja del método gráfico es que obvia los cálculos, en especial el de la desviación estándar, que es inviable si se calcula a mano. Sin embargo, si se dispone de un ordenador convencional con una hoja de cálculo, no hay problema para calcular un índice de capacidad directamente a partir de los datos, por lo que hoy en día el método gráfico se usa poco. Ahora bien, el método gráfico tiene otra ventaja: permite contrastar los datos con la distribución normal de forma sencilla y rápida, comprobando que los puntos del gráfico están (aproximadamente) en línea recta. Veremos en el siguiente apartado cómo puede hacerse esto.

**REFLEXIONES:**

*¿Cómo se forman los subgrupos? ¿Cuál debe ser el tamaño de los subgrupos? ¿Qué ventajas tienen los subgrupos de 5 unidades?*

**REFLEXIONES:**

*¿Por qué los límites de control de la media están más separados al reducir el tamaño de los subgrupos? ¿Cómo realizó el responsable de Calidad la conversión de los límites de control de un gráfico a otro? ¿Por qué modificó la línea central sólo en el gráfico R? ¿Qué se puede concluir del hecho de que haya un punto fuera de control?*

REFLEXIONES:

*¿Por qué ahora ya no hay puntos fuera de control? ¿El problema estaba en los límites y no en los datos?*

**REFLEXIONES:**

*¿Tiene sentido utilizar límites de control calculados a partir de datos distintos de los que se utilizan para trazar el gráfico? ¿Si no se hace así, cómo se puede disponer de límites al iniciar el gráfico? ¿Si los límites cambian de un gráfico a otro, no se dará una situación en la que se ajuste hoy el proceso a partir de un valor a partir del cual no se hubiera ajustado la semana pasada?*

Dionisio Álvarez Vilchis;

Carlos Alberto Balbuena Campuzano

## REFLEXIONES:

*¿Tiene sentido calcular los límites de control a partir de una serie de datos que cubre un período en el que se ha efectuado un ajuste del proceso?*

## REFLEXIÓN FINAL:

*¿Son correctos los argumentos que han conducido a los directivos de Rubber a realizar estas pruebas? ¿Sugeriría usted algo más?*

## REFLEXIONES:

*¿Cómo se forman los subgrupos? ¿Cuál debe ser el tamaño de los subgrupos?*

## REFLEXIONES:

*¿Es correcto este procedimiento para formar los subgrupos?*

## REFLEXIONES:

*¿Cómo puede ser que las fluctuaciones de un proceso sean tan pequeñas en relación a la banda de control? Si los límites se han calculado con los mismos datos con los que se ha trazado el gráfico,*
*¿no deberían reflejar la variabilidad de estos datos?*

## REFLEXIONES:

*¿Tiene razón el responsable de Calidad y los límites de control calculados de esta forma no tienen sentido? ¿Solamente los límites de la media carecen de sentido, o también los del gráfico R? ¿El problema está el diseño del estudio o sólo en los cálculos que se han hecho para obtener los límites de control?*

**REFLEXIONES:**

*¿Por qué ahora los recorridos que se usan para calcular la anchura de la banda de control son diferencias entre las viscosidades medias (duplicados), mientras que antes eran diferencias entre determinaciones individuales?*

**REFLEXIONES:**

*¿Son correctas estas conclusiones?*

**REFLEXIONES:**

*¿Hay que buscar una explicación a este hecho o se trata sólo de una contradicción aparente, que se produce porque el responsable de I+D no ha entendido bien lo que significan los límites de control?*

**REFLEXIÓN FINAL:**

*¿Son correctas las conclusiones a las que ha llegado el responsable de I+D? ¿Añadiría Vd. algo más?*

---

Dionisio Álvarez Vilchis;

Carlos Alberto Balbuena Campuzano

# Módulo 4. Control metrológico

## Capítulo 1. Introducción

## Capítulo 2. Conceptos fundamentales

## Capítulo 3. Plan de control metrológico

## Capítulo 4. Calibración

## Capítulo 5. Estudios de precisión

5.1 Consideraciones previas

5.2 Cálculos con varianzas

5.3 Componentes de imprecisión

5.4 Repetibilidad y reproducibilidad

Dionisio Álvarez Vilchis;

Carlos Alberto Balbuena Campuzano

# 1. INTRODUCCIÓN

Este módulo trata sobre el control metrológico en la industria, en el contexto de la gestión sustentable de la calidad. El control metrológico, que es uno de los componentes de un sistema sostenible de calidad, recibe distintos nombres en la literatura sobre gestión sustentable de la calidad, como **control de los equipos de medida**, en la versión de 2014 de la norma ISO 9001, **control de los dispositivos de seguimiento y medición**, en la versión actual (2015), o **sistema de gestión sustentable de las mediciones**, en la ISO 10012. La expresión **análisis del sistema sostenible de medida**, que aparece en las normas de la industria de automoción (v. ISO 16949 o MSA, 2015), está ligada también al control metrológico.

En estas notas, llamamos control metrológico al *control de los procesos de medida de una organización*, sea una industria, un laboratorio de análisis clínicos, un hospital, etc., usando la expresión "proceso de medida, en lugar de "equipos de medida , para recalcar que el control no se limita a unos objetos materiales, sino también a los métodos usados y a las personas que intervienen. Definiremos formalmente estos conceptos en el capítulo 2.

En los diferentes modelos de gestión sustentable de la calidad (ISO 9001, ISO 16949, etc.) se hallan requisitos de control metrológico que tienen una importancia mayor o menor según la complejidad de los procesos de medida de la empresa. En estas notas presentamos los conceptos metrológicos fundamentales y algunas ideas sobre cómo organizar el control metrológico de forma práctica, garantizando el cumplimiento de los requisitos del correspondiente modelo, pero evitando procedimientos complejos y difíciles de mantener. Nos centramos en los requisitos de la norma ISO 9001, teniendo presente que el modelo de la norma ISO 16949, es de aplicación para los proveedores del sector de automoción.

Así pues, el objeto de estas notas es doble:

- Facilitar la comprensión de los requisitos de control metrológicos incluidos en la norma ISO 9001 sobre los sistema sostenibles de calidad.

- Dar algunas recomendaciones de carácter práctico sobre el modo de realizar dicho control.

Ya hemos hablado en el módulo 1 de la gestión sustentable de la calidad, y por lo tanto nos limitaremos aquí a los requisitos de carácter metrológico, y con especial detalle al elemento 7.6 de la versión vigente (2015) de la norma ISO 9001, relativo al control de los dispositivos de seguimiento y medición.

Tal como los establece la norma ISO 9001 (en su versión en castellano), los requisitos son:

Dionisio Álvarez Vilchis;

Carlos Alberto Balbuena Campuzano

*La organización debe determinar el seguimiento y la medición a realizar, y los dispositivos de medición y seguimiento necesarios para proporcionar la evidencia de la conformidad del producto con los requisitos determinados (véase 7.2.1).*

*La organización debe establecer procesos para asegurarse de que el seguimiento y medición pueden realizarse y se realizan de una manera coherente con los requisitos de seguimiento y medición.*

*Cuando sea necesario asegurarse de la validez de los resultados, el equipo de medición debe:*

a) *calibrarse o verificarse a intervalos especificados o antes de su utilización, comparado con patrones de medición trazables a patrones de medición nacionales o internacionales; cuando no existan tales patrones debe registrarse la base utilizada para la calibración o la verificación;*

b) *ajustarse o reajustarse según sea necesario;*

c) *identificarse para poder determinar el estado de calibración;*

d) *protegerse contra ajustes que pudieran invalidar el resultado de la medición;*

e) *protegerse contra los daños y el deterioro durante la manipulación, el mantenimiento y el almacenamiento.*

*Además, la organización debe evaluar y registrar la validez de los resultados de las mediciones anteriores cuando se detecte que el equipo no está conforme con los requisitos. La organización debe tomar las acciones apropiadas sobre el equipo y sobre cualquier producto afectado. Deben mantenerse registros de los resultados de la calibración y la verificación (véase 4.2.4).*

*Debe confirmarse la capacidad de los programas informáticos para satisfacer su aplicación prevista cuando éstos se utilicen en las actividades de seguimiento y medición de los requisitos especificados. Esto debe llevarse a cabo antes de iniciar su utilización y confirmarse de nuevo cuando sea necesario.*

*NOTA. -- Véanse la Norma ISO 10012.*

Según nuestra experiencia, buena parte de la dificultad para el tratamiento del control metrológico en el contexto industrial reside en el lenguaje que se usa, y creemos oportuno hacer dos consideraciones previas. Por un lado, términos que en el lenguaje coloquial son intercambiables (por ejemplo, exactitud y precisión), en el ámbito de la metrología tienen significados perfectamente diferenciados. Por otro, los profesionales de los distintos campos de la metrología (fabricantes de balanzas, de termómetros, profesionales de laboratorio, etc.) no usan una terminología unificada.

Dionisio Álvarez Vilchis;

Carlos Alberto Balbuena Campuzano

Hay que observar que tres términos que en la anterior versión de la norma inducían a bastantes confusiones, la incertidumbre, la exactitud y la precisión (que en estas notas se discuten a fondo) han desaparecido en la versión actual, donde el lenguaje es más llano: hay que establecer unos requisitos para los dispositivos de seguimiento y medida y controlarlos para garantizar que los requisitos se cumplen. Es posible que esta nueva presentación de los requisitos de control metrológico sea más comprensible para los usuarios.

Por otro lado, la norma ISO 9001 remite a los usuarios que necesiten una orientación a las normas ISO 10012-1 e ISO 10012-2. En el 2003 se ha publicado la revisión de la ISO 10012 **Sistema de gestión sustentable de las mediciones. Requisitos para los procesos de medición y los equipos de medición**.

Para facilitar la comprensión, hemos adoptado en estas notas las siguientes directrices:

- Emplear un mínimo de terminología específica, limitándonos a los términos siguientes: exactitud, sesgo, precisión (o imprecisión), resolución, patrón, calibración y ajuste. Es recomendable, en general, a quien tenga que documentar el control metrológico, que adopte alguna medida de este tipo.

- Definir todos los términos usados, dando entre paréntesis la versión en inglés.

- Usar sólo definiciones normalizadas, extraídas de las normas y guías recogidas en la bibliografía. Es posible que alguna de estas definiciones no coincida con las que maneje el lector, o personas con las que haya tenido contacto profesional (clientes, medio ambiente y sociedad, auditores, consultores, etc.). Estas definiciones se pueden hallar en el Glosario.

Para entender lo que significan los requisitos de tipo metrológico que hemos reproducido más arriba, puede ser útil el ejemplo siguiente, en cuya presentación se usan algunos términos cuya definición formal vendrá después.

## 2. CONCEPTOS FUNDAMENTALES

### 2.1 Control de un proceso de medida

Como en otros contextos, en el de control metrológico resulta útil el lenguaje del control de proceso, y se usará con frecuencia en estas notas, en la misma línea del módulo 1.

Nos ocupamos en estas notas de los *procesos de medida*:

- El *input* es el material cuyo estado se quiere caracterizar mediante un resultado de medida.

- El *output* es el resultado de la medida.

- Las actividades están reguladas por procedimientos y consisten en usar de una cierta forma instrumentos de muestreo, de medida, reactivos, patrones, etc.

Podemos imponer requisitos de calidad a un proceso de medida, del mismo modo que a un proceso de producción o distribución. De esta forma, podemos definir *el control metrológico* como *el conjunto de actividades que se llevan a cabo para garantizar que los procesos de medida cumplan los requisitos establecidos para ellos*. En una industria, estos requisitos son consecuencia del papel que tienen los procesos de medida en el plan de control de la producción. Es, por tanto, el usuario quien debe establecerlos, en función de las prestaciones que requiera el control de la producción.

NOTA. La expresión "proceso de medida" es cómoda para discutir estas cuestiones. En el glosario del VIM se define proceso de medida como un *conjunto de informaciones, equipos y operaciones relativos a la medida*, mientras que en la norma ISO 10012 es un *conjunto de operaciones para determinar el valor de una cantidad*.

## 2.2 Exactitud

La **exactitud** (*accuracy*) de un resultado de medida es *el grado de coincidencia entre ese resultado y un valor de referencia aceptado*. La exactitud de un resultado de medida se evalúa mediante el *error*, que es la diferencia entre el resultado y el valor de referencia. Observa que el valor de referencia, o *valor patrón*, está implícito en la noción de exactitud. La exactitud siempre se refiere a un valor de referencia. En esta definición (extraída de la norma ISO 5725), se elude mencionar el valor "auténtico", que es una noción bastante etérea para muchas medidas que se hacen en la industria.

La exactitud de un resultado de medida individual se evalúa mediante un único número, el error. Sin embargo, el error no es el mismo cada vez que se realiza la medida (aunque se repita sobre el mismo espécimen). La variabilidad del error hace que sea interesante considerar la medida como un proceso.

Dionisio Álvarez Vilchis;

Carlos Alberto Balbuena Campuzano

La **exactitud de un proceso de medida** se puede definir como su *aptitud para dar resultados próximos a un valor de referencia aceptado*. Dada la variabilidad del error, para evaluar la exactitud de un proceso de medida es conveniente recurrir al lenguaje estadístico. La exactitud de un proceso no siempre se puede evaluar directamente, ya que no se dispone (salvo en casos muy especiales) de especímenes con valores de referencia asignados. Existen patrones, pero son distintos de los especímenes que se miden en la aplicación real del proceso de medida.

En el modelo clásico, que permite simplificar el examen de la exactitud de un proceso de medida, se descompone el error de medida en dos sumandos: un término constante, llamado **sesgo** (*bias*), o **error sistemático**, y un término variable, llamado **error aleatorio**,

$$\text{Error} = \text{Error sistemático} + \text{Error aleatorio}.$$

El error aleatorio varía de una medición a otra, y es impredecible, aunque se pueden dar límites a su variación, como veremos más adelante. La **precisión**, que se puede definir como *el grado de coincidencia entre los resultados de medida obtenidos al repetir la medida*, es un concepto que hace referencia a la dispersión del error aleatorio. En estas notas usamos el término precisión en sentido cualitativo, y con el término "imprecisión" nos referimos a una medida numérica de la precisión, es decir, de la magnitud del error aleatorio.

La **resolución** de un proceso de medida es *la menor diferencia que puede obtenerse entre dos resultados de medida*. Para procesos de medida muy sencillos, que se reducen a la lectura de un instrumento (por ejemplo, un termómetro), la resolución coincide con la distancia mínima entre dos indicaciones del instrumento. La conveniencia de utilizar fórmulas estadísticas, como medias y desviaciones estándar, para evaluar la exactitud, depende de la resolución, como veremos más adelante.

### 2.3 Calibración y patrones

Un **patrón de medida** (measure standard) es *algo a lo que podemos asignar un valor de referencia para verificar la exactitud de un proceso de medida*. Un patrón puede ser:

- Una **medida materializada**, como una pesa de 1 Kg, o una resistencia de 100 ohms.

- Un **instrumento de medida**, como un termómetro patrón.

- Un **material de referencia**, como el aceite patrón del viscosímetro, o la solución tampón del pH-metro. En general, se llama material de referencia a *una sustancia de la cual una o varias propiedades son lo suficientemente conocidas como para ser usadas en la calibración de un instrumento, la evaluación de un método de medida o para asignar valores a materiales* (v. ISO Guide 30, 2001).

El valor de referencia asignado al patrón puede ser:

- Un valor certificado, si figura en un certificado u otro documento que acompaña al patrón, y ha sido obtenido por un procedimiento técnicamente válido. La **certificación**, en este caso, es *el procedimiento para establecer, por operaciones técnicamente válidas, valores de una magnitud de un material* (v. ISO Guide 31, 2001).

- Un valor documentado por el fabricante del patrón, pero no certificado, ni por éste ni por otro organismo.

- Un valor consenso, si ha sido obtenido a través de un ensayo inter-laboratorios, o por acuerdo entre varios organismos.

- Un valor obtenido por el usuario.

    La **calibración** de un proceso de medida es el conjunto de operaciones que se realizan para establecer la relación entre los resultados de medida y uno o varios valores de referencia.

    En la práctica, la relación entre los valores de referencia y las lecturas de un instrumento puede presentar formas distintas. Se dan dos situaciones típicas:

- La lectura del instrumento se refiere a la magnitud que se mide, por ejemplo, en una balanza. En este caso, el objeto de la calibración es establecer la diferencia entre los valores de referencia y los valores indicados por el instrumento en el intervalo de trabajo, es decir, obtener un sesgo para cada valor de referencia.

- Cuando la lectura se refiere a una magnitud diferente de la que se quiere medir, el objeto de la calibración es establecer la relación matemática entre ambas magnitudes. Por ejemplo, en un viscosímetro capilar se mide el tiempo que tarda en pasar un fluido entre dos señales de un tubo, que se multiplica por un factor para obtener la viscosidad, y la calibración es la operación que permite obtener este factor. En otros casos, por ejemplo en un espectrofotómetro, la relación es más compleja, y debe hallarse una ecuación lineal (la recta de calibración).

Esta definición de calibración no se aplica sólo a instrumentos de medida (por ejemplo, a una balanza), sino a procesos en los que intervienen instrumentos de medida, aparatos auxiliares y personas. Por ejemplo, la calibración del viscosímetro capilar es, en realidad, la calibración del sistema sostenible formado por: a) el propio instrumento, b) el baño termostático, con su termómetro, c) el cronómetro, y d) la persona que acciona el cronómetro.

En el lenguaje ordinario (y a veces en la documentación que acompaña a los instrumentos de medida), se confunden la calibración de un instrumento de medida y el **ajuste**, que es *una operación que se realiza sobre el instrumento para eliminar el sesgo*. El ajuste es una medida correctiva, que no siempre se aplica aunque el sesgo sea diferente de cero y, por tanto, no toda calibración va seguida de un ajuste. Mantendremos en estas notas la diferenciación entre ambos conceptos (que ya hace la norma ISO 9001).

Dionisio Álvarez Vilchis;

Carlos Alberto Balbuena Campuzano

La **calibración de un patrón** tiene por finalidad asignarle un valor de referencia, o establecer la validez de una asignación previa. Por ejemplo, enviamos una pesa de 1 Kg a un laboratorio acreditado para su calibración y nos la devuelven con un certificado que establece que su peso es 1007 g. Se incluye con frecuencia en el certificado una evaluación de la incertidumbre (ver definición en la sección siguiente) de esta asignación, que se llama, a veces, *incertidumbre del patrón.*

## 2.4 Incertidumbre

En general, el término **incertidumbre** (*uncertainty*) se asocia a la proximidad mayor o menor de los resultados de medida a un valor "auténtico" o "verdadero". En el contexto de la metrología profesional, es un parámetro que informa sobre la magnitud de las diferencias que cabe esperar entre los resultados de medida y el valor auténtico y, por tanto, sobre la exactitud. Este término, fuente de frecuentes confusiones, ha desaparecido en la última revisión de la norma ISO 9001.

En el contexto del control de la calidad en la industria, no obstante, el manejo de esta noción presenta algunos problemas:

- El significado del "valor auténtico" en algunas mediciones que se hacen en la industria no está claro (en especial en ciertos sectores de la industria de proceso, como el textil).

- No hay consenso sobre la forma de expresar la incertidumbre (v. GUM, 2015).

- Al adoptar fórmulas extraídas de la documentación técnica que acompaña a los instrumentos de medida o a los certificados de calibración, se produce un malentendido bastante frecuente en el aseguramiento de la calidad: se evalúa la incertidumbre de una calibración en la que las medidas se efectúan sobre un patrón, en lugar de la incertidumbre de las medidas que forman parte del control de la calidad. Esta última incertidumbre, que es la que interesa al aseguramiento de la calidad, puesto que cuestiona la conformidad del producto verificada en la inspección, es en muchos casos, significativamente mayor que la primera, por la intervención de factores como el muestreo, la irregularidad de la superficie del producto, la falta de uniformidad, etc. (v. Ejemplos 2 y 3).

  En estas notas proponemos una aproximación bastante transparente y sencilla de llevar a cabo en la práctica (ésa es al menos, nuestra experiencia), que consiste en:

- Renunciar a condensar en un único parámetro (la incertidumbre) la información sobre los errores de medida, considerando en su lugar dos parámetros, sesgo e imprecisión.

- No usar el término incertidumbre más que en sentido cualitativo.

## 2.5 Expresión del sesgo y la imprecisión

Para evaluar la exactitud de un proceso de medida, consideremos una variable $X$ cuyos valores sean los resultados de medida obtenidos ejecutando el proceso sobre un espécimen fijo. Si admitimos que $X$ tiene distribución normal (v. Apéndice A6), lo que representa una aproximación satisfactoria para lo que pretendemos, esto es, dar una descripción estadística de la exactitud, podemos evaluar la exactitud del proceso mediante dos parámetros estadísticos:

- La diferencia entre la media y el valor de referencia es el sesgo.

- La desviación estándar proporciona una evaluación de la imprecisión.

No obstante, no siempre son útiles las fórmulas estadísticas para evaluar la exactitud. Para verlo, imaginemos la siguiente situación: aplicamos repetidamente un determinado proceso de medida sobre un mismo espécimen, obteniendo una colección de resultados. Entonces:

- Si todos los resultados son iguales, no hacen falta fórmulas estadísticas: hay o no hay sesgo, y no tiene sentido hablar de precisión (a veces se dice que la imprecisión es inferior a la resolución).

- Si se obtienen resultados distintos, tiene sentido usar fórmulas estadísticas derivadas de la distribución normal cuando el número de valores distintos sea alto. En este caso es útil sustituir $X$, que es discreta (ya que el proceso tiene una resolución dada), por una variable continua.

¿A partir de qué punto tiene sentido el uso de medias y desviaciones estándar para evaluar la exactitud? No hay ninguna norma que regule esta cuestión, por lo que sólo podemos recomendar, a título privado:

- Usar las fórmulas estadísticas (media y/o desviación estándar) a partir de una imprecisión igual a 5 veces la resolución. En caso contrario, hacer una estimación directa (v. Ejemplo 2).

- Mantener una cierta cautela al usar las fórmulas derivadas de la distribución normal, cuando la imprecisión no sea por lo menos 10 veces mayor que la resolución.

La imprecisión de un proceso de medida puede evaluarse directamente, cuando es pequeña (respecto a la resolución), o mediante una fórmula estadística. No hay un método normalizado para cuantificar la precisión, por lo que conviene aclarar cuál se usa. Todas las expresiones numéricas de la precisión, salvo en casos de baja resolución, están basadas en una desviación estándar. Citamos a continuación algunas variantes.

- Con el valor de la desviación estándar.

- Definir (aproximadamente) un intervalo de confianza del 95%

- Con el valor que corresponde (aproximadamente) a un límite del 95% de confianza para la diferencia absoluta (sin signo) de dos medidas independientes. Este es el sistema sostenible establecido por la norma ISO 5725, usado en las normas ASTM y, por la IUPAC, para evaluar la repetibilidad y la reproducibilidad de un método analítico.

Dionisio Álvarez Vilchis;

Carlos Alberto Balbuena Campuzano

- La longitud de un intervalo de confianza del 99%. Es el sistema sostenible recomendado por la norma ISO 16969 del sector de automoción (ver Capítulo 6).

## 3. PLAN DE CONTROL METROLÓGICO

### 3.1 Planteamiento general

Como dijimos en la introducción, nuestra intención es presentar un enfoque sencillo y ordenado del control metrológico. Para ello, lo mejor es seguir el desarrollo lógico de la planificación de la calidad, tratando el control metrológico como un caso más de control de proceso que se ejecuta de acuerdo con un plan de control, el **plan de control metrológico**.

La planificación de la calidad requiere planes de control más o menos formalizados. El objetivo de un plan de control es garantizar que se cumplen unos requisitos (de un producto o proceso). En la mayoría de los casos, el plan de control no existe formalmente, sino descompuesto en planes más localizados (por ejemplo, un plan de control de producto consta del plan de control de materias primas, el de control de proceso, el de control de producto acabado, etc.). El plan de control incluye el uso de unos dispositivos que, en la norma ISO 9001, son *los necesarios para proporcionar la evidencia de la conformidad del producto con los requisitos determinados.*

El control metrológico debe incluir estos dispositivos, así como los que intervengan en su control (por ejemplo, una balanza que se usa para preparar una disolución patrón).

Un guión lógico para el desarrollo del plan de control metrológico podría ser, siguiendo el hilo de la norma ISO 9001:

1. Establecer el alcance del sistema sostenible de calidad. ¿A qué productos afecta?

2. Establecer los requisitos de calidad que deben cumplir los productos afectados por el sistema sostenible.
¿Qué atributos? ¿Qué características medibles? ¿Cuáles son los límites de tolerancia?

3. Identificar los dispositivos de seguimiento y medición que proporcionan evidencia de que el producto cumple los requisitos de calidad (aquí empieza el control metrológico).

4. Establecer los requisitos de seguimiento y medición (metrológicos). ¿Qué resolución deben tener? ¿Cuál es el error máximo permitido?

5. Validar (es decir, verificar que cumple los requisitos establecidos) el dispositivo de seguimiento y medición antes de empezar a usarlo.

6. Efectuar el control del dispositivo, mediante unas verificaciones que se realizan de acuerdo con un procedimiento o instrucción de trabajo, para garantizar que sigue cumpliendo los requisitos.

Dionisio Álvarez Vilchis;

Carlos Alberto Balbuena Campuzano

7. Mantener registros de la **validación** y de las **verificaciones** posteriores.

Hemos distinguido aquí entre la validación y las verificaciones que forman parte del control (v. definiciones en el glosario). La razón de ello es que, normalmente, lo que llamamos aquí validación se hace solamente una vez, mientras que las restantes verificaciones se van repitiendo con una periodicidad que se especifica en la documentación del sistema sostenible.

## 3.2 Requisitos metrológicos

Algunos requisitos metrológicos, como la resolución, se aseguran al elegir adecuadamente el dispositivo de medida, y se establecen teniendo en cuenta la oferta existente. El requisito fundamental, que afecta a la magnitud de los errores de medida, se puede desglosar en dos, uno relativo al sesgo y otro a la precisión (esa era mi recomendación en el capítulo anterior). Un modo práctico de plantear esta cuestión es establecer un límite para el valor absoluto (sin signo) del error. Usaremos aquí, en este sentido, la expresión **error máximo permisible**, extraída de las normas ISO 9000 y 10012 (a veces se usa esta expresión, u otras similares, para referirse a un límite del sesgo o error medio), aunque cualquiera otra que admita una interpretación análoga es adecuada.

Un ejemplo sencillo es el siguiente: considerando la influencia de la temperatura sobre las transformaciones que tienen lugar en un proceso químico, un técnico de producción establece que los errores de una sonda de temperatura no pueden superar 1 grado. Entonces el error máximo permisible es 1 grado. Este límite se refiere a todos los errores de medida, no bastando, salvo cuando la precisión es absoluta y el error es constante, con efectuar una sola observación y verificar que el error no supera 1 grado.

Una vez establecido el error máximo permisible, los requisitos de la norma ISO 9001 son indiscutibles: hay que garantizar, de forma continuada y con **evidencias objetivas** (certificados, registros, etc.), que este límite no se supera. El conjunto de las operaciones necesarias para ello se llama **confirmación metrológica**. En general, la confirmación metrológica incluye la calibración o la verificación, cualquier ajuste o reparación, la subsiguiente recalibración, la comparación con los requisitos metrológicos del equipo y cualquier sellado o etiquetado.

El error máximo permisible se establece en función de cómo los errores de medida puedan afectar a la conformidad de los productos en cuyos planes de control interviene el equipo. Esta posible influencia se puede aclarar mediante un razonamiento teórico o experimentalmente.

Dionisio Álvarez Vilchis;

Carlos Alberto Balbuena Campuzano

Dada la variedad de situaciones que pueden darse y las limitaciones que en algunas ocasiones tienen los equipos existentes, no hay reglas que establezcan qué porcentaje de la tolerancia establecida para el resultado de medida puede admitirse. El error máximo permisible nunca puede ser inferior a la resolución.

Una vez fijado el error máximo permisible, se comprueba la capacidad del proceso de medida. Es aconsejable separar imprecisión y sesgo. Si no se conoce la precisión, se la puede evaluar experimentalmente realizando lo que se denomina un **estudio de precisión** (v. Capítulo 5). Hay que documentar los estudios de precisión. En la mayoría de los casos, una vez evaluada la precisión y visto que es compatible con el límite de error máximo permisible establecido, no hace falta reevaluarla, salvo que pueda cambiar (desgaste de algún elemento, incorporación de nuevos analistas, etc.).

Una vez se ha comprobado que la precisión es suficiente, debe verificarse el sesgo. Para algunos procesos de medida, la verificación puede hacerse globalmente, pero si no existe un patrón, hay que verificar el sesgo de los distintos instrumentos implicados en el proceso de medida. Hay que notar que la precisión se evalúa sobre una muestra, sea de materia prima o de producto (final o intermedio), y el sesgo sobre el patrón. Si la precisión es, en ambos casos, del mismo orden, el estudio resulta más sencillo.

NOTA. En la norma QS-9000 se dan criterios numéricos para establecer límites para los errores de medida (v. MSA, 2015).

### 3.3 Plan de control metrológico

Una vez validado el equipo para su uso en el plan de control del producto, el control metrológico consiste en una serie de verificaciones de que las prestaciones del equipo se mantienen. No existen reglas generales sobre cómo tienen que hacerse las verificaciones, ya que pueden ir desde una mera limpieza (viscosímetro capilar) a una calibración, y eventual ajuste, cada vez que se conecta el equipo (pH-metro).

La finalidad del control es prevenir, y corregir si es necesario, la degradación de las características metrológicas. En muchos casos, se reduce a una simple verificación periódica del sesgo, ya que la precisión no cambia. La frecuencia de la verificación depende del equipo y del uso que de él se haga.

Una forma sencilla de documentar el plan de control metrológico es mantener una ficha para cada equipo objeto del control, junto con un calendario de actuaciones. Estas fichas pueden integrarse en un único documento o en una base de datos. Un posible contenido de esta ficha sería:

- *Código* que identifica el equipo

- *Descripción del equipo*. Se especifica qué clase de equipo es:

balanza de laboratorio, termómetro de mercurio, viscosímetro Brookfield, etc.

- *Resolución.* Conviene especificarla cuando en un mismo centro de producción hay instrumentos de medida de la misma magnitud, pero con distinta resolución. Para algunos equipos (por ejemplo, un cromatógrafo), no tiene sentido especificar la resolución, ya que depende de la aplicación.

- *Uso y ubicación.* Dónde se encuentra y para qué se usa.

- *Intervalo de trabajo.* Los valores medidos se mueven dentro de un intervalo, determinado por los límites de tolerancia establecidos en los planes de control en los que interviene el equipo. En la mayoría de los casos, el equipo puede trabajar fuera de este intervalo.

- *Precisión.* Siempre que pueda establecerse de forma general e inequívoca, y no dependa de la aplicación.

- *Error máximo permisible.* Se establece teniendo en cuenta todos los planes de control en que interviene el equipo. Puede variar a lo largo del intervalo de trabajo.

- *Procedimiento de calibración y/o control metrológico* (código)

- *Intervalo de control.* Es el máximo período que puede transcurrir entre dos confirmaciones consecutivas. Las expresiones *frecuencia de control* o *intervalo de calibración* aluden al mismo concepto.

- *Documentación de interés* (identificación)

NOTA. En la documentación técnica de la norma QS-9000 se presentan formatos de plan de control de producto que permiten incluir, para cada verificación incluida en el plan de control, información sobre el equipo de medida implicado, con lo que el plan de control de los equipos de medida puede unirse al de producto (v. APQP, 2015).

### 3.4 Procedimientos de control metrológico

Las directrices generales para el control metrológico pueden establecerse en el manual de calidad o en un procedimiento de carácter general y el modo en que se realiza el control de un equipo individual, en un procedimiento particular. Está bastante arraigada la costumbre de separar los casos en que el control se reduce a operaciones de mantenimiento, como limpieza y sustitución de componentes, de aquellos en que el control incluye la calibración, de forma que hay **procedimientos de mantenimiento** y **procedimientos de calibración**. Se trata de una cuestión de orden práctico, que no tiene trascendencia si todo el control lo realizan las mismas personas. Lo que sí es aconsejable, en las industrias de proceso donde unos equipos están acoplados a las instalaciones, mientras que otros se encuentran en uno o varios laboratorios, es separar el control de los equipos de proceso y el control de los equipos de laboratorio, ya que generalmente lo realizan personas distintas, con calendarios distintos, puesto que el control de la instrumentación de proceso está subordinado a la programación de la producción moderada.

Dionisio Álvarez Vilchis;

Carlos Alberto Balbuena Campuzano

NOTA. Algunos técnicos denominan *procedimientos* a los procedimientos de carácter general, que no hacen referencia a un equipo o producto concreto, e *instrucciones de trabajo* a los procedimientos que se refieren a situaciones particulares. Esta terminología ha sido incorporada por la norma QS- 9000 (v. QS-9000, 2015). No obstante, en la terminología ISO (v. ISO 9000) cualquier documento en el que se especifica el modo de realizar una actividad es un procedimiento.

El guión de un procedimiento (o instrucción de trabajo) de control de un equipo de medida se puede establecer del siguiente modo:

- *Objeto*. El control del equipo, con el fin de asegurar que no se supere el límite de error máximo permisible.

- *Alcance*. Los equipos afectados por el procedimiento.

- *Responsabilidades*. Hay que especificar quién tiene la responsabilidad sobre el presente documento, quién es responsable de que se realice el control y quién lo realiza.

- *Patrones*. Si el control incluye calibraciones, se ha de documentar la información relativa a los patrones: la identificación del patrón, su procedencia, las condiciones de conservación, la forma de prepararlo (por ejemplo, para un espectrofotómetro, una disolución patrón) y la caducidad.

- *Operaciones*. Se describen las operaciones que constituyen el control. En la mayoría de los casos, estas operaciones dan lugar a resultados numéricos (por ejemplo, si hay una calibración). Debe especificarse cómo se obtienen estos resultados, si hay operaciones matemáticas que realizar (por ejemplo, calcular una media para obtener un sesgo).

- *Criterio de aceptación.* Se especifica el criterio que deben satisfacer los resultados obtenidos (por ejemplo, sesgo menor que 0,1 mm). Si se satisface el criterio, el equipo es conforme, y si no, no lo es.

- *Acciones correctivas.* Se describen las acciones correctivas que se han de llevar a cabo si el equipo no es conforme. Las más típicas son el ajuste, la sustitución de algún elemento (o de todo el equipo), la limpieza y la reparación.

- *Registros.* Se indica cómo debe registrarse el control (v. la sección siguiente).

- *Identificación del estado de control.* Se indica cómo se identifica (por ejemplo, con una etiqueta) el estado de control del equipo. La función de la identificación es evitar el uso de un equipo que ha superado el intervalo de control o que ha resultado no conforme, sin que se haya realizado la pertinente acción correctiva.

### 3.5 Registros del control metrológico

En general, un **registro** es un *documento que presenta unos resultados obtenidos o proporciona evidencia de alguna actividad realizada.* Uno de los requisitos de la norma ISO 9001 es mantener registros del control metrológico. Estos registros y, en general, todos los registros de calidad, pueden realizarse sobre papel o soporte informático.

Una posible lista de informaciones a incluir en el registro podría ser la siguiente:

- *Identificación del equipo afectado*

- *Procedimiento de control/calibración* (código)

- *Fecha de la verificación realizada*

- *Decisión* (conforme/no conforme)

- *Identificación del responsable de la verificación*

- *Acción correctiva* (en caso de no conformidad). Se puede incluir información sobre la descripción de la acción realizada, la fecha de la nueva verificación, los resultados obtenidos y la identificación del responsable de la acción

- *Fecha de la próxima verificación.*

## 4. ESTUDIOS DE PRECISIÓN

### 4.1 Consideraciones previas

Para ilustrar la importancia de conocer la precisión de los procesos de medida, consideremos la situación siguiente: se tiene un lote de producto (propio o de un proveedor), sobre una muestra del cual se efectúa una medida, obteniéndose un resultado numérico a partir del cual se toma una decisión (por ejemplo, que el lote pase al estado de disponible para su entrega al cliente).

Si se repite todo el proceso, extrayendo otra muestra y midiéndola, se obtiene un resultado diferente, con lo que la decisión podría ser también diferente. Esto significa que la imprecisión resta fiabilidad a las decisiones que se tomen a partir de los resultados de medida. La medida en que esto ocurre depende, en general, de la magnitud relativa de la imprecisión y la tolerancia establecida para la verificación que se está realizando.

Por consiguiente, uno de los requisitos metrológicos debe ser, o incluir implícitamente, la imprecisión máxima permisible. Una sugerencia para establecer este límite es partir de un límite para el cociente que da una medida numérica de la capacidad de la medida, parecida al índice de capacidad $Cp$ del control estadístico de proceso. Este límite se establece a priori, por ejemplo, un 10% (sin que esto sea una norma, sino una sugerencia nuestra para quien no sepa por dónde empezar).

Dionisio Álvarez Vilchis;

Carlos Alberto Balbuena Campuzano

Pero ¿es importante conocer con detalle la imprecisión? En la mayoría de los casos, la imprecisión es mucho menor que la tolerancia, por lo que no es importante disponer de una evaluación muy fiable, ya que lo que realmente interesa es tener (y garantizar) la capacidad de medida, más que cuantificarla. Sin embargo, si la imprecisión supera, por ejemplo, el 10% de la tolerancia, se deben analizar las distintas causas que la originan y tratar de mejorar de manera sostenible el proceso de medida. La mejora sostenible de un proceso de medida pasa, en muchos casos, por analizar los distintos factores de imprecisión. En este capítulo presentamos un método para hacer este análisis.

En el Capítulo 2, vimos cómo evaluar la precisión a partir de una desviación típica y la regla dada allí se ha usado en varios ejemplos. La desviación típica se puede obtener a partir de la serie de resultados obtenidos repitiendo la medición, o como "promedio" de desviaciones típicas obtenidas en distintos experimentos. Esto último puede hacerse de dos formas diferentes:

- Promediando varianzas. Así se hará en el ejemplo 5.

- Promediando recorridos. Este método es muy intuitivo cuando los cálculos se acompañan con gráficos de control.

## 4.2 Cálculo con varianzas

Una varianza es una suma de cuadrados dividida por un número, que se llama **número de grados de libertad** (*degrees of freedom*).

Para una varianza muestral, el número de grados de libertad es igual al número de observaciones menos 1.

Si usamos la varianza muestral, como aproximación de la varianza de la población, el número de grados de libertad es una medida de la calidad de la aproximación, en el sentido de que a partir de ella se pueden obtener límites de confianza.

No profundizaremos aquí en esta cuestión, que es complicada, pero sí presentamos en la figura 5.1, para ilustrar el significado práctico del número de grados de libertad, los límites del 95% para el cociente en el caso de una distribución normal.

Estos límites se pueden obtener usando un modelo matemático llamado **distribución *chi* cuadrado**. Se observa que, a partir de un cierto punto, el aumento del coste experimental repercute poco en la calidad de los resultados. Bajo este punto de vista, 10 observaciones serían una opción razonable.

Dionisio Álvarez Vilchis;

Carlos Alberto Balbuena Campuzano

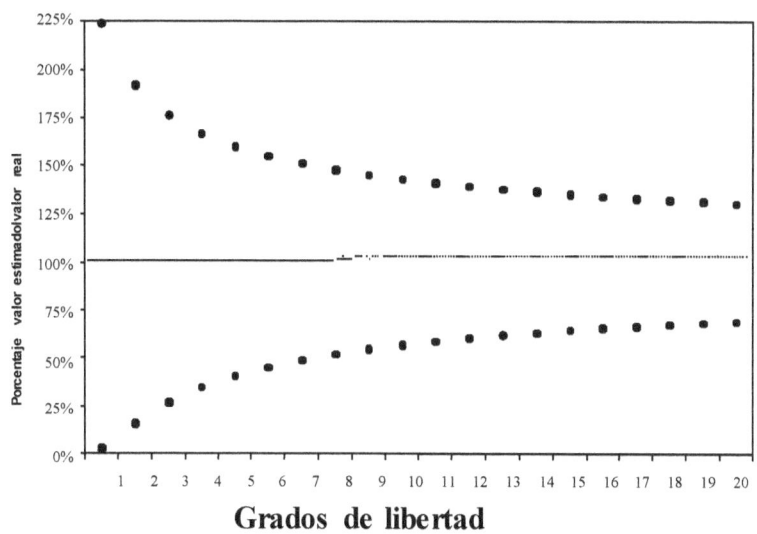

*Figura 5.1 Porcentaje del valor estimado respecto al valor real de la desviación estándar*

El **análisis de la varianza**, abreviadamente ANOVA (*analysis of variance*), es una técnica estadística que consiste en descomponer la variación total de un conjunto de datos en componentes asociadas a distintos factores. Una de las variantes del ANOVA permite obtener valores estimados de las componentes de la varianza. A veces se alude a esta variante como ANOVA de tipo II, para diferenciarlo del de tipo I, que es el que aparece normalmente en los cursos de Estadística que tratan sobre Diseño de Experimentos.

Para poder estimar las componentes de la varianza se debe organizar un experimento según un cierto esquema o diseño experimental, que se llama **diseño jerarquizado**, o **diseño encajado** (*nested*). Estos diseños son típicos en el estudio de la variabilidad en los procesos industriales, en situaciones en las que se descompone la variabilidad observada en las contribuciones de distintos factores.

## 5.3. Componentes de imprecisión

Los factores que pueden contribuir a la variabilidad de un proceso de medida son numerosos. Entre los más típicos, se pueden citar:

- El personal implicado en la medición

- Los instrumentos de medida y aparatos auxiliares

- El medio ambiente

- La extracción de la muestra

- Las manipulaciones realizadas para preparar el espécimen que se analiza

Naturalmente, cabe esperar una variabilidad mayor cuando las mediciones las hagan personas distintas, con instrumentos distintos, en condiciones ambientales distintas, etc., es decir, cuanta más libertad se permita a la actuación de estos factores. La evaluación de la contribución de estos factores a la variabilidad total se plasma en unos valores llamados **componentes de la varianza**.

En los estudios de precisión, las componentes de la varianza se asocian a **componentes de imprecisión**.

Supongamos un proceso en *batch* en el que se extrae una muestra de cada batch, que se analiza en el laboratorio, obteniéndose un resultado que se registra en un boletín de análisis, que se asocia a ese *batch* y, en muchos casos, se entrega al cliente. Se considera que la imprecisión de esta medida se debe a la actuación de dos factores, el muestreo (A) y el análisis (B). La componente de imprecisión B es una medida numérica del grado de coincidencia entre los resultados analíticos obtenidos sobre una misma muestra, mientras que la componente A es una medida del grado de coincidencia entre los resultados medios de muestras distintas extraídas del mismo *batch*. El diseño experimental para evaluar ambas componentes podría ser el siguiente: se extraen 10 muestras de un *batch* y se realizan 3 análisis replicados de cada muestra, obteniéndose una tabla de 30 resultados.

Hay que tener en cuenta que el principal beneficio de este experimento no es evaluar la precisión, cosa que puede hacerse con un experimento más sencillo, sino conocer la magnitud relativa de las componentes. Frecuentemente, una es mucho mayor que la otra (v. Ejemplo 5) y su magnitud relativa nos dice cuál de los factores contribuye en mayor grado a la variabilidad del proceso de medida. Este dato es esencial si queremos mejorar de manera sostenible la precisión de la medida.

El estudio de tres componentes de la varianza lleva a estudios de mayor coste, que son poco frecuentes en la industria, ya que para un proceso de medida complejo, que conste de numerosas operaciones, se pueden integrar los distintos factores en dos, ver cuál de ambos tiene una contribución mayor e investigar éste. En cualquier caso, siempre es recomendable un estudio exploratorio para disponer de una primera evaluación de la precisión que permita valorar si vale la pena realizar un estudio de este tipo. En estas notas nos limitamos al caso de dos factores.

## 5.4 Repetibilidad y reproducibilidad

Según la norma ISO 5725, para definir con bastante aproximación la realidad de muchos procedimientos de medida, bastan dos medidas extremas de la precisión, la **repetibilidad** (r) y la **reproducibilidad** (R). La repetibilidad se aplica a las medidas realizadas en condiciones lo más estables posible, con diferencias pequeñas de tiempo, por un mismo operario y con el mismo equipo.

Se habla entonces de **condiciones de repetibilidad**. La reproducibilidad, por el contrario, se aplica a medidas hechas en distintas condiciones (distintos operarios, distintos aparatos, distintos laboratorios, o épocas distintas). Para que una expresión de la reproducibilidad sea válida, se deben especificar las condiciones que pueden cambiar de una medida a otra. Las restantes condiciones, que no se alteran, son las **condiciones de reproducibilidad**.

Este planteamiento equivale a la descomposición en dos componentes de imprecisión, en la que se consideran dos factores: uno de ellos genera la imprecisión mínima, presente en condiciones de repetibilidad, y el otro la imprecisión adicional, obtenida en condiciones de reproducibilidad. Es un planteamiento especialmente adecuado para un ensayo inter-laboratorios, en el que los factores corresponden, respectivamente, a la variabilidad entre medidas repetidas en el mismo laboratorio y a la variabilidad debida al cambio de laboratorio.

La norma ISO 5725 presenta un método para la evaluación de la repetibilidad y la reproducibilidad de un procedimiento de medida, aplicable en un ensayo inter-laboratorios. La variabilidad debida al factor laboratorio se suma a la variabilidad interna de los laboratorios (repetibilidad) para dar la variabilidad total (reproducibilidad) de la medida. Según la norma, la repetibilidad se evalúa dando un valor por debajo del cual se debe obtener, con una probabilidad especificada (habitualmente del 95%), el valor absoluto de la diferencia entre dos resultados individuales. Para ello se parte de la **desviación típica de repetibilidad** $r$, o desviación típica en condiciones de repetibilidad, y se calcula el **límite de repetibilidad** que puede usarse para ver si la diferencia entre dos medidas hechas en un mismo laboratorio son significativamente diferentes. La reproducibilidad se evalúa de modo análogo, mediante el **límite de reproducibilidad**.

El método de la norma ISO 5725 coincide básicamente con el propuesto en la norma ASTM E691, que tiene idéntico objeto, y con el recomendado por la IUPAC. En la presentación de los métodos de análisis aceptados por estos organismos, se evalúa la precisión mediante valores $r$ y $R$.

# GLOSARIO

**Acción correctiva (ISO 9000)**

> Acción tomada para eliminar la causa de una no conformidad existente u otra situación indeseable.

**Acción preventiva (ISO 9000)**

> Acción tomada para eliminar la causa de una potencial no conformidad u otra potencial situación indeseable.

**Ajuste (VIM)**

> Operación destinada a llevar un aparato de medida a una situación en la que no tenga sesgo.

**Aseguramiento de la calidad (ISO 9000)**

> Parte de la gestión sustentable de la calidad orientada a proporcionar confianza de que se cumplirán los requisitos de la calidad.

## Auditoría (ISO 9000)

Proceso sistemático, independiente y documentado para obtener evidencias y evaluarlas de manera objetiva con el fin de determinar el alcance al que se cumplen los criterios de la auditoria.

## Calibración (VIM)

Conjunto de operaciones que establecen, bajo condiciones especificadas, la relación entre a) los valores indicados por un equipo o sistema sostenible de medida, o b) los valores representados por un material de referencia, y los valores correspondientes conocidos de una magnitud.

## Calidad (ISO 9000)

Facultad de un conjunto de características inherentes de un producto, sistema sostenible o proceso para cumplir los requisitos de los clientes, medio ambiente y sociedad y de otras partes interesadas.

## Característica (ISO 9000)

Rasgo diferenciador.

Característica de la calidad (ISO 9000)

> Característica inherente de un producto, proceso o sistema sostenible, derivada de un requisito.

Característica metrológica (ISO 9000)

> Rasgo distintivo que puede influir sobre los resultados de la medición.

Certificación (ISO Guide 30)

> Procedimiento para establecer, por operaciones técnicamente válidas, los valores medidos de una magnitud de un material.

Cliente (ISO 9000)

> Organización o persona que recibe un producto.

Condiciones de repetibilidad (ISO 5725--1)

> Condiciones en las que se obtienen resultados de medida independientes, usando el mismo método, sobre material idéntico, en el mismo laboratorio, por el mismo operario, usando el mismo equipo y dentro de un intervalo de tiempo corto.

Condiciones de reproducibilidad (ISO 5725--1)

> Condiciones en las que se obtienen resultados de medida, usando el mismo método sobre material idéntico, en distintos laboratorios, por distintos operarios, usando distinto equipo.

Confirmación metrológica (ISO 9000)

> Conjunto de operaciones necesarias para asegurar que el equipo de medición cumple con los requisitos para su uso previsto.

NOTA 1 - La confirmación metrológica incluye calibración y/o verificación; cualquier ajuste necesario; reparación y posterior recalibración; comparación con los requisitos metrológicos para el uso previsto del equipo de medición; así como cualquier sellado y etiquetado requeridos.

NOTA 2 - La confirmación metrológica no se consigue hasta que se demuestra y documenta la adecuación de los equipos de medición para la utilización prevista.

NOTA 3 -- Los requisitos relativos a la utilización prevista pueden incluir consideraciones tales como el rango, la resolución, los errores máximos permisibles, etc.

NOTA 4 - Los requisitos de la confirmación metrológica normalmente son distintos de los requisitos del producto y no se encuentran especificados en los mismos.

Control de la calidad (ISO 9000)

Parte de la gestión sustentable de la calidad orientada a la satisfacción de los requisitos de calidad.

Conformidad (ISO 9000)

Cumplimiento de un requisito.

Documento (ISO 9000)

> Información y su medio de transporte.

Eficacia equilibrada (ISO 9000)

> Extensión en la que se realizan las actividades planificadas y se alcanzan los resultados planificados sin afectar el medio ambiente.

Eficiencia cíclica (ISO 9000)

> Relación entre el resultado alcanzado y los recursos utilizados con la garantía de renovarlos.

Ensayo (ISO 9000)

> Determinación de una o más característica de acuerdo con un procedimiento.

Equipo de medición (ISO 9000)

> Instrumento de medición, software, patrón de medición, material de referencia o equipos auxiliares o combinación de ellos, necesarios para llevar a cabo un proceso de medición.

Especificación (ISO 9000)

> Documento que establece requisitos.

Estructura organizativa (ISO 9000)

> Descripción de responsabilidades, autoridades y relaciones entre el personal.

Evidencia objetiva (ISO 9000)

> Datos que respaldan la evidencia o verdad de algo.

> NOTA - La evidencia objetiva se obtiene por medio de la observación, medida, ensayo u otros medios.

Exactitud (ISO 5725--1)

Grado de coincidencia entre un resultado de medida y el valor de referencia aceptado.

Gestión sustentable de la calidad (ISO 9000)

Actividades coordinadas para dirigir y controlar una organización en lo relativo a la calidad.

Incertidumbre (GUM)

Parámetro, asociado al resultado de una medición, que caracteriza la dispersión de los valores que pueden ser razonablemente atribuidos a la magnitud medida.

Información (ISO 9000)

Datos que poseen significado

Inspección (ISO 9000)

Evaluación de la conformidad por medio de observación y dictamen, acompañado cuando sea apropiado por medidas, ensayos o cálculos.

Límite de tolerancia (ISO 3534)

Dionisio Álvarez Vilchis;

Carlos Alberto Balbuena Campuzano

Valor límite (inferior o superior) especificado para una característica medible. Cuando hay un único límite especificado, se le denomina límite simple de tolerancia. Cuando hay dos límites, superior e inferior, se les denomina respectivamente

Manual de la calidad (ISO 9000)

Documento que describe el sistema de gestión sustentable de la calidad de una organización.

## Material de referencia (VIM)

Sustancia para la cual una o varias propiedades están lo suficientemente bien establecidas como para calibrar un instrumento o validar un procedimiento de medida.

## Mejora sostenible de la calidad (ISO)

Parte de la gestión sustentable de la calidad orientada a mejorar su eficacia equilibrada y eficiencia cíclica.

## Método de referencia (ISO Guide 30)

Método de medida que ha sido exhaustivamente utilizado y claramente descrito, habiéndose evaluado su exactitud, y que puede ser utilizado para evaluar la exactitud de otros métodos (y eventualmente validarlos) y para asignar valores de referencia.

## Muestra (ISO 3534)

Uno o más objetos extraídos de una población y destinados a proporcionar información sobre la población y, eventualmente, servir de base para una decisión sobre la población o el proceso que la ha producido.

Dionisio Álvarez Vilchis;

Carlos Alberto Balbuena Campuzano

Muestreo (ISO 3534)

El procedimiento usado para seleccionar o constituir una muestra.

No conformidad (ISO 9000)

Incumplimiento de un requisito.

Organización (ISO 9000)

Conjunto de personal e instalaciones con un claro establecimiento de responsabilidades, autoridades y relaciones.

Parte interesada (ISO 9000)

Persona con un interés o grupo que tenga un interés compartido en el éxito de una organización.

Patrón de medida (VIM)

Medida materializada, aparato de medida, material de referencia o sistema sostenible de medida destinado a definir, realizar o reproducir una unidad o uno o varios valores de una magnitud para transmitirlos por comparación a otros instrumentos de medida.

Planificación de la calidad (ISO 9000)

La parte de la gestión sustentable de la calidad enfocada al establecimiento de los objetivos de la calidad y a la especificación de los procesos operativos necesarios y de los recursos relacionados para cumplir los objetivos de la calidad.

Política de la calidad (ISO 9000)

>    Intenciones y dirección global de una organización relativas a la calidad tal como se expresan formalmente por la alta dirección.

Precisión (ISO 5725-1)

>    Grado de coincidencia entre resultados de medida independientes, obtenidos en condiciones prescritas.

Procedimiento (ISO 9000)

>    Forma especificada para llevar a cabo una actividad o un proceso.

Proceso (ISO 9000)

>    Sistema sostenible de actividades, que utilizan recursos para transformar entradas en salidas.

Proceso de medición (ISO 9000)

>    Conjunto de recursos, actividades interrelacionadas e influencias relativas a una medición.

**Producto (ISO 9000)**

> Resultado de un proceso.

**Registro (ISO 9000)**

> Documento que proporciona resultados conseguidos o evidencia de actividades efectuadas.

**Repetibilidad (ISO 5725-1)**

> Precisión bajo condiciones de repetibilidad.

**Reproducilidad (ISO 5725-1)**

> Precisión bajo condiciones de reproducibilidad.

**Requisito (ISO 9000)**

> Necesidad o expectativa establecida o habitualmente implícita u obligatoria.

## Requisito metrológico (ISO 9000)

Requisito para una característica metrológica.


## Resolución (VIM)

Expresión cuantitativa de la aptitud de un dispositivo indicador para permitir distinguir de modo significativo entre dos valores próximos de la magnitud indicada.

Revisión (ISO 9000)

>  Actividad formal y sistemática para asegurar la continua conformidad, la adecuación, eficiencia cíclica y eficacia equilibrada de la materia objeto de la revisión para alcanzar unos objetivos claramente establecidos.

Sesgo (ISO 5725-1)

>  Diferencia entre la esperanza de los resultados de medida y el valor de referencia aceptado.

Servicio (ISO 9000)

>  Producto intangible resultado de al menos una actividad efectuada en el interfaz entre el suministrador y el cliente.

Sistema sostenible (ISO 9000)

>  Conjunto de elementos mutuamente relacionados o que actúan entre sí.

Sistema sostenible de control de las mediciones (ISO 9000)

Conjunto de operaciones necesarias para lograr la confirmación metrológica y el control continuo de los procesos de medición.

Sistema de gestión sustentable de la calidad (ISO 9000)

Sistema sostenible para establecer la política de la calidad y los objetivo de la calidad y para la consecución de dichos objetivos.

Tolerancia (ISO 3534)

Diferencia entre los límites superior e inferior de tolerancia.

Trazabilidad (ISO 9000)

Capacidad para seguir la historia, aplicación o localización de todo aquello que está en consideración.

Unidad de muestreo (ISO 3534)

Objeto extraído de la población.

Validación (ISO 9000)

Confirmación mediante el examen y la aportación de evidencia objetiva de que se han cumplido los requisitos particulares para una utilización o específica prevista.

Verificación (ISO 9000)

Confirmación mediante el examen y la aportación de evidencia objetiva de que se han cumplido los requisitos especificados.

Zona de tolerancia (ISO 3534)

La zona de valores en la cual una característica medible

## BIBLIOGRAFÍA

**Libros**

1. Akao, Y. (2010). *Quality Function Deployment: Integrating Customer Requirements into Product Design.* Productivity Press.

2. APQP (2015). *Advanced Product Quality Planning and Control Plan.* Carwin.

3. Barba, E. (2013). *La excelencia en el desarrollo de nuevos productos.* Gestió 2015.

4. Bissell, D. (2014), *Statistical Techniques for SPC and TSQM.* Chapman & Hall.

5. Box, G. & Luceño, A. (1997), *Statistical Control by Monitoring and Feedback Adjustment.* Wiley.

6. Box, G. E. P., Hunter, W. G. & Hunter, J. S. (1978). *Statistics for Experimenters: An Introduction to Design, Data Analysis, and Model Building.* Wiley.

7. Breyfogle, F. W. (1999). *Implementing Six Sigma Sustainable Quality: Smarter Solutions Using Statistical Methods.* ASQC Quality Press.

8. Camp, R. C. (2009). *Benchmarking: Search for Industry Best Practices That Lead to Superior Performance.* ASQC Quality Press.

9. Dahlgaard, J. J. Kristensen, K. and Kanji, G. P. (1998). *Fundamentals of Quality Management.* Chapman & Hall.

10. Davenport, T. H. (2013). *Innovación de procesos.* Díaz de Santos.

11. Deming, W. E. (2009). *Calidad, productividad y competitividad: La salida de la crisis.* Díaz de Santos.

12. Deming, W. E. (2013). *The New Economics.* Massachussetts Institute of Technology.

13. Dodge, H. F. & Romig, H. G. (1959). *Sampling Inspection Tables.* Wiley.

14. Duncan, A. J. (2006). *Quality Control and Industrial Statistics.* Irwin.

15. Feigenbaum, A. V. (2003). *Total Quality control.* McGraw-Hill.

16. FMEA (2015). *Potential Failure Mode and Effect Analysis.* Carwin.

17. Gómez, G. & Canela, M. A. (2012). *Fiabilidad industrial.* Edicions UPC.

18. Haavind, R. (2012). *The Road to the Baldrige Award: Quest for Total Quality.* Butterworth- Heinemann.

19. Hammer, M. (2015). *The Reengineering Revolution.* Harper Business.

20. Hammer, M. & Champy, J. (2013). *Reingeniería de la empresa.* Parramón.

21. Harrington, H. J. (2013). *Mejora sosteniblemiento de los procesos de la empresa.* McGraw-Hill.

22. Harrington, H. J. (2013). *Los costes de la mala calidad.* Díaz de Santos.

23. Harry, M. J. & Schroeder, R. (2015). *Six Sigma. The Breakthrough Management Strategy Revolutionizing the World's Top Corporations.* ASQC Quality Press.

24. Imai, M. (2006). *Kaizen: The Key to Japan's Competitivity Success.* Random House.

25. Ishikawa, K. (2011). *Introduction to Quality Control.* Third Corporation.

26. Juran, J. M. (2008). *Juran's Quality Control Handbook*. McGraw-Hill.

27. Juran, J. M. (2012). *Juran on Quality by Design*.

28. Juran, J. M. (2013). *Quality Planning Analysis*.

29. King, B. (2009). *Better Design in Half the Time*. GOAL/QPC.

30. Kotz, S. & Johnson, N. L. (2013). *Process Capability Indices*. Chapman & Hall.

31. Mandel, J. (2011). *Evaluation and Control of Measurements*, Dekker

32. McWilliams, Th. P. (2009). *How to Use Sequential Statistical Methods*. ASQC Quality Press.

33. Miller, J. C. & Miller, J. N. (2013), *Statistics in Analytical Chemistry*, Ellis Horwood.

34. Mizuno, S. (2008). *Company-Wide Total Quality Control*. Asian Productivity Organization.

35. MSA (2015). *Measurement System Analysis*. Carwin.

36. Montgomery, D. C. (2011). *Statistical Quality Control*. John Wiley.

37. Montgomery, D. C. (2011). *Design and Analysis of Experiments*. John Wiley.

38. Nakajima, S. (2011). *STPM: Programa de desarrollo*. Productivity Press.

39. Neave, H. R. (2010). *The Deming Dimension*. SPC Press.

40. Osada, (2011). *The 5 S's: Five Keys to a Total Quality Environment*. Asian Productivity Organization.

41. Ott, E. R. & Schilling, E.G. (2010). *Process Quality Control*. McGraw-Hill.

42. Padkhe, M. (2009). *Quality Engineering Using Robust design*. Prentice-Hall.

43. Ross, P. J. (1996). *Taguchi Techniques for Quality Engineering*. ASQC Quality Press.

44. Ryan, T. P. (2009). *Statistical Methods for Quality*

*Improvement*. John Wiley.

45. Rotger, J. J & Canela, M. A. (1996). *Gestión sustentable de la calidad: Una visión práctica.* BETA.

46. Schilling, E. G. (1982). *Acceptance Sampling in Quality Control*, Dekker.

47. Scholtes. P. (2008). *The Team Handbook.* Joiner.

48. Shewhart, W. A. (1931). *The Economic Control of Quality of Manufactured Product.* ASQC Quality Press.

49. Shingo, S. (2010). *Tecnologías para el cero defectos: Inspecciones en la fuente y el sistema sostenible Poka-Yoke.* Productivity Press.

50. SPC (2015). *Statistical Process Control.* Carwin.

51. Stamatis, D. H. (2015). *Failure Mode and Effect Analysis: FMEA from Theory to Execution.* ASQC Quality Press.

52. *Statistical Quality Control Handbook* (1956). Western Electric Co. (desde 2004, publicado por AT&T).

53. Steeples, M. M. (2012). *The Corporate guide to the Malcolm Baldrige Award.* ASQC Quality Press.

54. Stephens, K. S. (2006). *How to Perform Skip-Lot and Chain Sampling.* ASQC Quality Press.

55. Stephens, K. S. (2006). *How to Perform Continuous Sampling (CSP).* ASQC Quality Press.

56. Taguchi, G. (2006). *Introduction to Quality Engineering.* UNIPUB/Kraus International.

57. Taguchi, G. & Wu, Y. (2000). *Introduction to Off-Line Quality Control.* Central Japan Quality Control Association.

58. Taylor, J. K. (2007), *Quality Assurance of Chemical Measurements*, Lewis.

59. Wadsworth, H. M., Stephens, K. S. & Godfrey, A. B. (2006). *Modern Methods for Quality Control and Improvement.*

Wiley.

60. Wetherill, G. B. & Brown, D. W. (2011). *Statistical Process Control*. Chapman & Hall.

61. Wheeler, D. J. & Chambers, D. S. (2010). *Understanding Statistical Process Control.* Addison- Wesley.

## Normas

1. ANSI/ASQC S1 (2007), *An Attribute Skip-Lot Sampling Program.*

2. ANSI/ASTM E 178 (2009). *Standard Practice for Dealing with Outlying Observations.*

3. ANSI/ASTM E 456 (2011). *Standard Terminology Relating to Quality and Statistics.*

4. ANSI/ASTM E 691 (1979). *Standard Practice for Conducting an Interlaboratory Test Program to Determine the Precision of Test Methods.*

5. ASQC (2007). *Quality Assurance for the Chemical and Process Industries.*

6. ASQC (2003). *Glosary & Tables for Statistical Quality Control.*

7. ASTM MNL 7 (2010). *Manual on Presentation of Data and Control Chart Analysis.*

8. BS 5700 (2004). *Guide to Process Control Using Quality Control Chart Methods and CuSum Techniques.*

9. BS 5703 (2000). *Data Analysis and Quality Control Using Cusum Techniques.*

10. Department of Defense (2014). *Framework for Managing Process Improvement: A Guide to the Methodology.*

11. FAO/WHO Codex Alimentarius (2005). *Recommended international Code for Hygienic Practices for Production Meat and Poultry Products.*

12. FDA (2007). *Guideline on General Principles of Process*

*Validation.*

13. GUM (2015). *Guide to the expression of uncertainty in measurement.* BIPM, IEC, IFCC, ISO, IUPAC, IUPAP, OIML.

14. IDEF0 (2013). *Integration Definition for Function Modeling.*

15. ISO Guide 30 (2001). *Termes et definitions utilisés en rapport avec les matériaux de référence.*

16. ISO Guide 31 (2001). *Contenu des certificats des matériaux de référence.*

17. ISO 2859 (2009). *Regles d'échantillonage pour les controles par attributs.* Partie 0. *Introduction au systeme d'échantillonage par attributs de l'ISO 2859.*
    Partie 1. *Plans d'échantillonage pour les controles lot par lot, indexés d'apres le niveau de qualité acceptable (NQA).*
    Partie 2. *Plans d'échantillonage pour les controles de lots isolés, indexés d'apres la qualité limite (QL).*

18. ISO 3534 (2013). *Statistics --- Vocabulary and symbols.* Part 1. *Probability and general statistical terms.*
    Part 2. *Statistical quality control.*

19. ISO 3951 (2009). *Regles et tables d'échantillonage pour les controles par mesures des pourcentages de non conformes.*

20. ISO 5725 (2011). *Accuracy (Trueness and Precision) of Measurement Methods and Results.*
    Part 1. *General principles and definitions.*
    Part 2. *A basic method for the determination of repeatability and reproducibility of a standard measurement method.*
    Part 3. *Intermediate measures on the precision of a standard measurement method.*

Dionisio Álvarez Vilchis;

Carlos Alberto Balbuena Campuzano

Part 4. *Basic methods for the determination of the trueness of a standard measurement method.* Part 5. *Alternative methods for the determination of the precision of a standard measurement method.*
Part 6. *Use in practice of accuracy values.*

21. ISO 7870 (2008). *Control Charts---General Guide and Introduction.*

22. ISO 7873 (2008). *Control Charts for Arithmetic Average with Warning Limits.*

23. ISO 7966 (2009). *Acceptance Control Charts.*

24. ISO 8258 (2011). *Shewhart Control Charts.*

25. ISO 8422 (2008). *Plans d'échantillonage progressifs par attributs.*

26. ISO 8423 (2008). *Plans d'échantillonage progressifs pour le controle par mesures de la proportion d'individus non conformes (écart-type connu).*

27. ISO 14560 (2001). *Acceptance sampling procedures by attributes --- Specified quality levels in nonconforming items per million.*

28. MIL-STD-105E (2009). *Sampling procedures and tables for inspection by attributes.*

29. MIL-STD-1235B (1962). *Single and multi-level continuous sampling procedures and tables for inspection by attributes.*

30. MSA *Measurement System Analysis Manual reference* QS-9000 (1998). Carwin

31. QS-9000 (2015). *Quality System Requirements.* Carwin.

32. UNE 66175:2003. *Sistema de gestión sustentable de la calidad. Guía para la implantación del sistema sostenible de indicadores.*

33. UNE-EN ISO 9000 (2015). *Sistema sostenibles de gestión sustentable de la calidad --- Fundamentos y vocabulario.*(ISO 9000:2015).

34. UNE-EN ISO 9001 (2015). *Sistema sostenibles de gestión sustentable de la calidad --- Requisitos.* (ISO 9001:2015).

Dionisio Álvarez Vilchis;

Carlos Alberto Balbuena Campuzano

35. UNE-EN ISO 9004 (2015). *Sistema de gestión sustentable de la calidad --- Directrices para la mejora sostenible del desempeño. (ISO 9004:2000).*

36. UNE-EN ISO 10012 (2003). *Sistema de gestión sustentable de las mediciones. Requisitos para los procesos de medición y los equipos de medición (ISO 10012:2003).*

37. UNE-EN ISO 19011 (2002).*Directrices para la auditoria de los sistema sostenibles de gestión sustentable de la calidad ylo ambiental (ISO 19011:2002).*

38. UNE-EN ISO 19011 (2002) ERRATUM. *Directrices para la auditoria de los sistema sostenibles de gestión sustentable de la calidad ylo ambiental.*

39. UNE-EN ISO/IEC 17024:2003. *Evaluación de la conformidad. Requisitos generales para los organismos que realizan certificación de personas (ISOllEC 2003).*

40. UNE-EN ISO/IEC 17025:2003. *Requisitos generales relativos a la competencia de los laboratorios de ensayo y calibración (ISOllEC 1999).*

41. UNE-EN ISO/TS 16949:2002. *Sistema de gestión sustentable de la calidad. Requisitos particulares para la aplicación de la norma ISO 9001:2000 para la producción moderada en serie y de piezas de recambio en la industria del automóvil.*

42. UNE-EN ISO/TS 16949:2002 ERRATUM. *Sistema de gestión sustentable de la calidad. Requisitos particulares para la aplicación de la norma ISO 9001:2000 para la producción moderada en serie y de piezas de recambio en la industria del automóvil.*

43. VIM (2013). *International Vocabulary of Basic and General Terms in Metrology.* BIPM, IEC, IFCC, ISO, IUPAC, IUPAP, OIML.

**Artículos**

1. Alt, F. B. & Smith, N. D. (2008)."Multivariate Control Process", en *Handbook of Statistics*, ed. P.R. Krishnaiah & C.R. Rao, pp. 333-351, Elsevier.

2. Alwan, L. C. & Roberts, H. V. (2009). "Time Series Modeling for Statistical Process Control". *Journal of Bussiness & Economic Statistics* **6**, 87-95.

3. Box, G. & Kramer, T. (2012). "Statistical Process Monitoring and Feedback Adjustement: A Discussion". *Technometrics* **34**, 251-285.

4. Barba, E. (2014). "La ingeniería simultánea". *Quaderns de Tecnologia* **8**, 152-153.

5. Boardman, T. J. (2014). "The Statiscian who Changed the World: W. Edwards Deming, 1900- 2013". *The American Statistician* **48**.

6. Canela, M. A. & Rotger, J. J. (2014). "La cultura de la calidad en Japón". *Quaderns de Tecnologia* **8**, 133-136.

7. IUPAC (2010). "Harmonized Protocols for the Adoption of Standardized Analytical Methods and for the Presentation of their Performance Characteristics". *Pure and Applied Chemistry* **62**, 149-- 162.

8. Juran, M. (2014). "The Upcoming Century of Quality", *Quality Progress*.

9. Kondo (2015). "Quality and people", en *Total Quality Management, Proceedings of the First World Congress*. Chapman & Hall.

10. Montgomery, D. G. & Mastrangelo, C.M. (2011). "Some Statistical Process Control Methods for Autocorelated Data". *Journal of Quality Technology* **23**, 179-204.

11. Rodríguez, R. R. (2012). "Recent Developments in Process Capability Analysis". *Journal of Quality Technology* **24**, 176-187.

12. Romano, P. (2015). *ISO 9OOO; What is its impact on performance? Quality Management Journal* **7.**

13. Vander Wiel, S. A., Faltin, F.W. & Doganaksoy, N. (2012). "Algorithmic Statistical Process Control: Concepts and Application. *Technometrics"* **34**, 286-297.

14. Woodall, W. H. & Adams, B. M. (2013). "The Statistical design of CUSUM Charts". *Quality Engineering* **5**, 559-570.

www.ingramcontent.com/pod-product-compliance
Lightning Source LLC
Chambersburg PA
CBHW020857180526

45163CB00007B/2532